U0887900

“互联网+医疗健康”丛书

可穿戴医疗设备：智能医疗突破口

主　编　雷舜东

副主编　王梓名

電子工業出版社
Publishing House of Electronics Industry
北京•BEIJING

内 容 简 介

本书共 9 章，分别介绍了国内医疗现状，医疗信息化，智慧医疗，可穿戴设备，可穿戴设备技术内幕，典型可穿戴医疗设备，可穿戴医疗设备应用案例，可穿戴医疗设备生态系统，可穿戴医疗设备的挑战与前景等内容。

本书适用于医院管理部门或信息中心的技术人员，同时也适用于对医疗信息化及大健康领域感兴趣的读者。阅读这本书，将为读者开启一段奇妙的旅程。

图书在版编目（CIP）数据

可穿戴医疗设备：智能医疗突破口 / 雷舜东主编. —北京：电子工业出版社，2018.1
（“互联网+医疗健康”丛书）
ISBN 978-7-121-32468-0

Ⅰ. ①可…　Ⅱ. ①雷…　Ⅲ. ①数字技术—应用—医疗器械　Ⅳ. ①TH77-39

中国版本图书馆 CIP 数据核字（2017）第 195372 号

责任编辑：董亚峰　　特约编辑：曲　岩
印　　刷：北京七彩京通数码快印有限公司
装　　订：北京七彩京通数码快印有限公司
出版发行：电子工业出版社
　　　　　北京市海淀区万寿路 173 信箱　邮编 100036
开　　本：787×1 092　1/16　印张：18.25　字数：288 千字
版　　次：2018 年 1 月第 1 版
印　　次：2022 年 4 月第 5 次印刷
定　　价：73.00 元

凡所购买电子工业出版社图书有缺损问题，请向购买书店调换。若书店售缺，请与本社发行部联系，联系及邮购电话：（010）88254888，88258888。

质量投诉请发邮件至 zlts@phei.com.cn，盗版侵权举报请发邮件至 dbqq@phei.com.cn。

本书咨询联系方式：（010）88254694。

编委会名单

主　编：雷舜东

副主编：王梓名

编委会：

雷舜东	四川大学华西第二医院
王梓名	四川大学华西第二医院
黄　晟	四川大学华西第二医院
邓　薇	四川大学华西第二医院
李永红	成都信息工程大学
母　旭	绵阳市第三人民医院
胡华林	成都爱易智科技有限公司
李率真	成都信息工程大学
崔　林	成都迈迪克斯科技有限公司
杜小川	成都萝卜科技有限责任公司
欧自然	四川互宜达科技有限公司

序

随着人口老龄化和人们对健康医疗的需求不断提升，传统的以医院为中心、以诊疗为核心和面对面诊疗的医疗业务模式面临巨大挑战，尽管医疗技术不断进步，但看病难、看病贵、看病烦、质量差和矛盾深等深层次问题并未得到根本解决。这些医疗痛点主要是由医疗资源特别是高水平的医生资源短缺造成的。培养高层次的专家型医生周期长、难度大，不是一朝一夕能够完成的，但就是这些有限的医生资源由于种种原因还不能得到有效利用。技术的创新才是行业和产业发生变革的真正推动力，人类要真正解决健康医疗问题也只能靠技术的进步来推动。

正因为如此，移动互联网、物联网、云计算、大数据和人工智能等新技术在健康医疗领域得到日益广泛的应用，尽管困难重重，依然砥砺前行，特别是人工智能在医疗领域中的应用会更具有颠覆性。

在互联网+智能医疗时代，健康医疗数据将成为核心资源。目前，互联网+医疗受到质疑的根本因素是数据不足，智能可穿戴医疗设备通过大数据、云计算、物联网等技术应用，实时采集大量用户健康数据信息和行为习惯，会成为智慧医疗获取信息的重要入口。

我一直认为，诊断级智能可穿戴医疗设备的成熟会是互联网健康医疗发展的一个爆发点。

正因为对可穿戴医疗设备有如此的期待，收到雷舜东主任寄来的《可穿戴医疗设备：智能医疗突破口》一书，甚为欣喜。

雷舜东主任是一位医疗信息化行业的实干家，在他的努力及四川大学华西第二医院领导层的重视下，短时间内就利用信息化手段改善患者就医体验，先后开通了诊间缴费、排队叫号、114 预约挂号、自助服务项目（自助建卡、挂号、缴费业务）、微信挂号、微信缴费、在线咨询等，患者就医时间大幅缩短，提升了患者的就医感受，优化了就医流程。在医院管理方面打造了基于微信企业号的“医互通”，提高了医院的管理效率，降低了医院运行成本。先后获得一系列奖项：2015 年度微信最受欢迎公共服务号奖、全国医院擂台赛“十大价值案例奖”“十大人气奖”、2015 年健康行业最具互联网+创新奖、最佳创新三甲医院奖、十大 2016 年度中国“互联网+”优秀案例奖。四川大学华西第二医院建立了西南地区首家互联网医院——华西妇女儿童互联网医院。同时与电子科技大学合作成立了医疗大数据研究院，成立了临床数据中心，将沉睡多年的信息化数据充分利用，开展医疗大数据研究，提升医院临床诊断及科研水平，最大限度地发挥了医疗信息化建设的作用。

雷主任更是一位未来医疗的探索者和布道者，他敏锐地意识到智能可穿戴设备在互联网+智能医疗中的作用和意义，潜心研究，写出了这部沉甸甸的专著。

这本专著以智慧医疗为切入点，提出可穿戴设备医疗设备在智慧医疗中的地位，以非常专业的视角对可穿戴医疗设备的基本概念、发展历程、关键技术、设备功能、应用场景及生态系统进行了非常详细的论述，对可穿戴设备医疗设备面临的挑战和发展前景提出了作者独特的观点。相信本书的出版发行对可穿戴设备医疗设备及互联网+智能医疗推动的建设发展会起到积极的推动作用。

中国医药信息学会电子病历与电子健康档案专业委员会主任委员

“互联网+医疗健康”丛书主编

陈金雄

2017 年 12 月 1 日

前 言

健康是经久不衰的话题，也是人类永久追寻的目标。如何获得健康，如何战胜疾病，一直是人类探索的方向。在中国这样一个庞大的医疗体系中，健康的保障更是一个巨大的难题。目前“看病难、看病贵”的问题一直存在，如何构建和谐的医患关系，改善患者就医体验，让人们能随时掌握自己的健康状况，是需要我们去解决的课题。

2017 年 1 月 24 日，国家卫生计生委员会印发的《“十三五”全国人口健康信息化发展规划》提出：“应当大力加强人口健康信息化和健康医疗大数据服务体系建设，同时探索创新‘互联网+健康医疗’服务新模式、新业态，提高人民群众获得感。”优化就医流程、实现健康数据共享势在必行。

为了改善患者就医体验，各大公立医院掀起了智慧医院建设高潮，互联网+医疗被推到了风口浪尖上。通过移动互联网可解决咨询及复诊患者的多数问题，但由于医疗行业的特殊性，如何解决针对患者的查体及生理体征数据的采集是一条不可逾越的鸿沟，通过可穿戴医疗设备可打通最后一公里。自从 2012 年谷歌眼镜面世后，可穿戴设备开始在全球范围内掀起了一场革命。全球知名厂商纷纷开始推出令人眼花缭乱的可穿戴设备。可穿戴设备智能化程度高，涉及范围广，在医疗方面可得到积极的应用。可穿戴设备融入医疗打通了智能医疗的入口，会产生意想不到的效果，或许能够有助于解决中国当前的医疗难题。

本书前 3 章结合国内医疗业务流程及管理方面面临的问题，提出了利用医疗信息化手段解决方案及措施，结合当前流行的“互联网+医疗”，拓展传统医疗服务的时空限制，实现医疗被动式接受服务到主动式参与的转变，重点介绍了智慧医院建设的典型实例——四川大学华西第二医院智慧医院。第 4 章和第 5 章介绍可穿戴设备的定义、发展及技术，让读者全方位地了解可穿戴设备的来龙去脉。第 6 章将可穿戴设备与医疗结合，介绍了几种典型的可穿戴医疗设备。第 7 章向读者展现了可穿戴医疗设备在生活中的应用案例，让读者能够深刻体会可穿戴医疗设备对人体体征数据采集的实时及连续性。第 8 章介绍了可穿戴医疗设备所处的生态系统，包括物联网、互联网、云存储及大数据，这一系列技术构成可穿戴医疗设备良性循环的生态圈从而互相促进，推动大健康产业的繁荣。第 9 章对可穿戴医疗设备进行总结，分析了可穿戴设备目前还面临的挑战以及未来的前景。

整本书涵盖了智慧医疗建设及可穿戴设备，对智慧医院建设提供了很好的思路，对医院间的协同也提供很好的案例，深入应用移动互联网及可穿戴设备拓展了医院服务的时空，此书内容范围广又具有一定的实战性，对医院信息建设及智慧医院的构建具有很好的指导作用。本书主要面向医院管理、信息中心技术人员，同时对医疗信息化及大健康领域感兴趣的读者也有较大的益处。阅读这本书，将为读者开启一段奇妙的旅程。

编　者

目 录

第1章

国内医疗现状

目前，中国进入医疗卫生事业发展的关键时期。城市化、工业化、人口老龄化、疾病和生态环境的变化，对居民的健康带来新的挑战。同时，随着经济发展和人民生活水平的提高，人们对医疗服务提出了更高的要求。

1.1 国内医疗的改革发展

健康，是人类永恒的追求，也是人类社会永恒的课题。然而，医疗卫生保障制度的设计，是世界公认的直接影响到公民健康福祉的重大民生难题，被称为社会政策的“珠穆朗玛峰”。健康关系到每个人生命的质量和谋生的潜能，也关系着千家万户的幸福。

中国政府虽历来重视民众健康问题和医疗卫生事业的发展，但鉴于中国人口众多，区域发展不平衡，医疗资源分布不均的现实，以及医药卫生体制改革的复杂性，多年来走了一条艰辛而曲折的长征路。

在计划经济时期，由于政府坚持了预防为主、以农村为重点、中西医结合等一系列正确方针路线，建立了完善的农村和城市医疗卫生服务网络，并取得了显著成就。但是由于受“文化大革命”影响，我国卫生事业的发展曾一度陷入停滞状态。

1978 年后，随着农村家庭联产承包责任制的实行，拉开了中国 30 多年改革的序幕，为医改提供了动力。

1985 年可谓是医改元年，在这一年中国正式启动医改，核心思想是放权让利，扩大医院自主权。政府的主导思想在于“给政策不给钱”，政府直接投入逐步减少，医疗机构逐步实现市场化。

1992 年春，邓小平南巡讲话后，中国掀起了新一轮的改革浪潮。1992 年 9 月，国务院下发《关于深化卫生医疗体制改革的几点意见》，卫生部贯彻文件提出的“建设靠国家，吃饭靠自己”的精神，卫生部门工作会议中要求医院要在“以工助医、以副补主”等方面取得新成绩。这项卫生政策刺激了医院通过创收来弥补收入不足，同时，也影响了医疗机构公益性的发挥，造成“看病问题”突出，群众反映强烈的状况。

针对医院注重效益而忽视公益性的倾向，卫生部门内部也展开了一系列争论。争论集中爆发于 1993 年 5 月召开的全国医政工作会议上，时任卫生部副部长殷大奎明确表示反对市场化，要求多顾及医疗的大众属性和起码的社会公平。从此以后，医改领域内的政府主导和市场主导的争论几乎就没有停止过，而且逐步成为一个焦点问题并被社会各界广泛讨论。

2000 年 3 月，宿迁公开拍卖卫生院，拉开了医院产权改革的序幕，共有一百多家公立医院被拍卖。而此阶段存在的社会问题，尤其是看病贵和看病难的问题愈发突出。

2003 年，非典型性肺炎疫情突发。突如其来的瘟疫暴露了中国医疗卫生体系在应对突发性的公共卫生事件方面捉襟见肘。经过医疗卫生人员和全社会的共同努力，我们取得了抗击“非典”战役的胜利，但其间的一系列经验教训，让人深思。这一时期，市场主导和政府主导的争论也逐渐深入，为卫生体制的再改革埋下伏笔。

2004 年，一份名为《国家卫生服务调查》的报告显示：中国内地城市没有任何医疗保险的人口占 44.8%，农村没有任何医疗保险的人口达到 79.1%。民众“看病贵、看病难”等现实问题日渐突出。

2005 年，国务院发展研究中心在《中国医疗卫生体制改革的评价建议》中指出，“从总体上讲（医疗卫生）改革是不成功的”。这一说法引起了社会的广泛共鸣。

2006 年 6 月，国务院常务会议决定成立“深化医药卫生体制改革部际协调工作小组”，标志着新一轮医改研究制定工作正式启动。同年 10 月，中国领导人强调，要实现人人享有基本卫生保健服务的目标，坚持公共医疗卫生的公益性质，深化医疗卫生体制改革。此后，中国医疗卫生体制改革的路径开始清晰。

2007 年 10 月，十七大把“人人享有基本医疗卫生服务”作为重要奋斗目标之一，明确了以后十几年卫生改革与发展的重要任务和政策措施，为卫生工作指明了方向。

2009 年 4 月，中国启动新一轮医改，旨在探索一条政府与市场相结合的中间道路。4 月 6 日，《关于深化医药卫生体制改革的意见》正式公布，一场惠及全民的新医改拉开序幕。同年 8 月，《关于建立国家基本药物制度的实施意见》《国家基本药物目录管理办法（暂行）》《国家基本药物目录（基层部分）》出台，意味着国家基本药物制度建立工作正式启动。

从 2010 年起，17 个国家级试点城市和 37 个省级试点地区开始进行公立医院改革试点，在完善服务体系、创新体制机制、加强内部管理等方面进行了积极探索。

2013 年，全国 311 个县（市）也启动了县级公立医院综合改革试点，以破除“以药补医”机制为关键环节，统筹推进管理体制、补偿机制、人事分配机制等方面改革。各地通过积极推行临床路径管理、同级医疗机构检验结果互认、预约诊疗和分时段就诊等措施，控制医疗费用，方便群众就医，提高服务质量[1]。

2017 年，全面取消药品加成和挂号费、诊疗费，设立医事服务费；实施药品阳光采购，降低药品采购价格；规范基本医疗服务项目，实施有升有降的调整。

改革的成绩鼓舞人心，改革的困难不容小觑。改革的前程光明可期，改革的路途依然艰辛。几十年改革历程中的经验教训告诉我们，在前行的路上不容有丝毫的懈怠，不可因成绩骄傲自满，亦不可因失败停滞不前。改革如逆水行舟，不进则退。在这个过程中，历史经验要继承，历史教训要汲取，历史的典型也要批判地学习，推陈出新[1]。目前，我国的医疗事业发展正如火如荼地进行着，虽然有了改革发展成就的铺垫，但是仍存在着许多难点与痛点。

1.2 国内医疗的难点与痛点

当前国内医患关系不和谐，导致医患关系紧张的重要原因是目前国内看病贵、看病难、医疗资源分布不均衡。

首先，看病贵是医疗没有进行市场化，不尊重市场规律而导致的恶果，并不是单纯国家对医疗投入不足。中华人民共和国卫生和计划生育委员会在《2014 年中国卫生统计年鉴》中提供数据显示：①从 2009 年到 2014 年，政府对卫生的投入由 17541.92 亿元增加到了 31661.5 亿元，2014 年政府卫生支出 9521.4 亿元（占 30.1%），社会卫生支出 11413.4 亿元（占 36.0%），个人卫生支出 10726.8 亿元（占 33.9%），人均卫生

[1] 任玉岭. 中国医疗改革回顾与展望[J]. 中国市场, 2014 (36): 3-11.

费用 2326.8 元，卫生总费用占 GDP 百分比为 5.57%，如图 1.1 所示；②投入的资金主要使用在基层的医疗卫生机构和疾病预防方面；③虽然住院和门诊次均费用增长速度下降，但是次均费用的绝对值并没有下降；④个人支出比例又没有发生明显变化，所以看病的实际个人支出没有下降，反而是略有上升。[2]

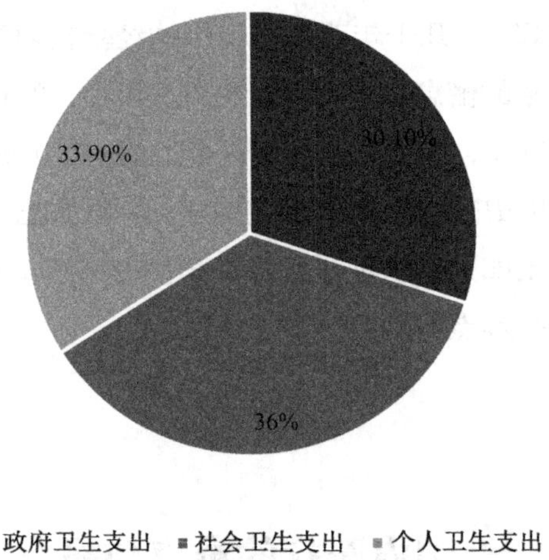

图 1.1　2014 年卫生支出占比

医院在第三方机构调查中，群众的反馈同样是一直觉得费用偏高，造成这种感受的原因是：

（1）国家对卫生的投入从预防着手，虽然会在疾病的最终治疗支出上获得收益，但是需要几十年甚至是更加长的时间才能得到体现，对于疾病治疗的末端，尤其是大中型综合医院，暂时还不能从国家巨大的卫生投入中获得直接的收益。

（2）现行的医保和农村合作医疗的报销政策是越是上级的大型医

[2] 王平，刘军. 现阶段我国医疗现状和问题刍议[J]. 中国卫生产业，2015 (26): 16-18, 141.

院，个人支付比例越高，并且门诊的检查和治疗往往不能报销，这必然会造成病情越重转送上级医院的需求越高，个人的经济承受越重，同时在上级医院床位有限的前提下，必然会造成供需矛盾。

（3）现有的医疗服务几乎完全以公立医院为主，在对医院的管理上实行行政化，在医院的日常运行中实行市场化、企业化，在社会责任和义务承担上又实行事业化。医院要靠银行贷款来建设发展医院，靠收支盈余来维持医院的运行。医院处于市场的下游，按市场原则购买使用药品、医疗器械及各类生产资料，却又按行政部门所规定的价格向患者提供结合着相当专业知识的医疗服务。并且医疗服务既是劳动密集型工作，又是知识密集型工作，医疗服务的从业者专业性极强，服务的人群针对性也极强，服务的劳动强度非常巨大。当前的医疗服务模式，不符合市场经济学的原则，造成医疗服务提供者自己的劳动价值得不到合理体现的感受。

（4）市场不可能避免追逐利益的现象存在，而有组织的社会又有义务尽全力为公民提供最优良的健康服务，但社会资源配置是有限的，这种社会伦理与医学经济学的矛盾，估计会长期存在。

（5）中国传统的消费观念对医疗技术和医疗服务的价值认可过低。[2]

对于看病难，这可能主要是社会的中产阶层的感受，现实是基层医院门可罗雀，大医院门庭若市。这是因为群众普遍认为大医院诊疗水平较高，事实上也存在因为医疗机构不同，医师及医院的诊疗水平存在差距的问题。正是因为诊疗水平的差距客观存在，患者就诊又是可以自由流动的，必然有较高诊疗水平的医院会产生对患者的虹吸效应，使得越有名望的大医院，患者越集中，大大超出医疗机构的承载能力。医务人员花费到患者身上的平均时间就会急剧压缩，直接会导致患者在门诊等候时间长，就诊询问时间短，难找医生、难等医生的直观感受。2015 年 5 月 27 日，中国医师协会发布《中国医师执业状况白皮书》，调查数据显示医师的工作压力主要来源于：工作量特别大占 76.50%，医疗纠纷多占 71.76%，患者的期望值太高占72.71%，伤医事件频发占69.60%，行业竞争非常激烈占 29.11%，说明医师工作压力的首位因素是因为工作量过大，如图 1.2 所示。

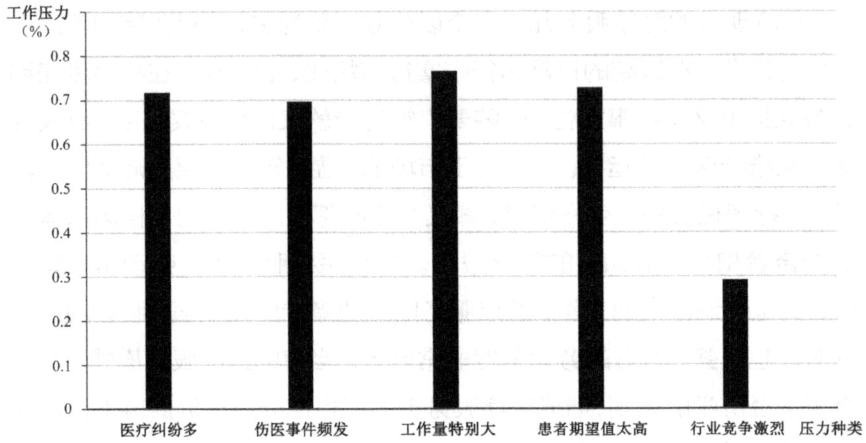

图 1.2　医师压力

在 2014 年的调查中，我国的标准工时为职工每日工作 8h，每周工作 40h，但是在 2014 年调研中，52.72%的医师平均每周工作时间在 40 ~ 60h，32.69%的医师在 60h 以上；平均每周工作时间 40 ~ 60h 的医师中，25 ~ 35 岁的医师占 47.56%，36 ~ 45 岁的医师占 34.66%，46 ~ 60 岁的医师占 17.70%，如图 1.3 所示。持续高强度的工作会影响工作效率和安全，但是事实上没有一个有效的机制去保障医师避免强度过大的劳动，也没有一种有效的机制去保障医师对应劳动强度的合理收入[2]。

因此，医院的服务也是众多患者不满的一个地方。对于态度差的投诉主要集中在公立的大型医院，这与前面所分析的看病贵和看病难有一定的关联，因为：①病人相对集中，使得医务人员的劳动强度明显增加，服务的单位时间缩短；②大量的繁重工作，也使得提供服务的劳动者产生职业倦怠；③同时由于当前社会对医疗服务劳动价值认识的差距、不太令人满意的医疗环境和医患关系，就使得对态度的矛盾更显突出。对于疗效的不满，主要集中在中小医院，如前文所述，医师的诊疗水平在不同医院存在差距。但是对基层医院的投诉为什么较少？因为：①患者就诊本身对基层医院的期望值就明显比大医院低；②基层医院拥有相对较多的沟通和解释时间，医患关系甚至就是本地相互熟悉的人际关系[2]。

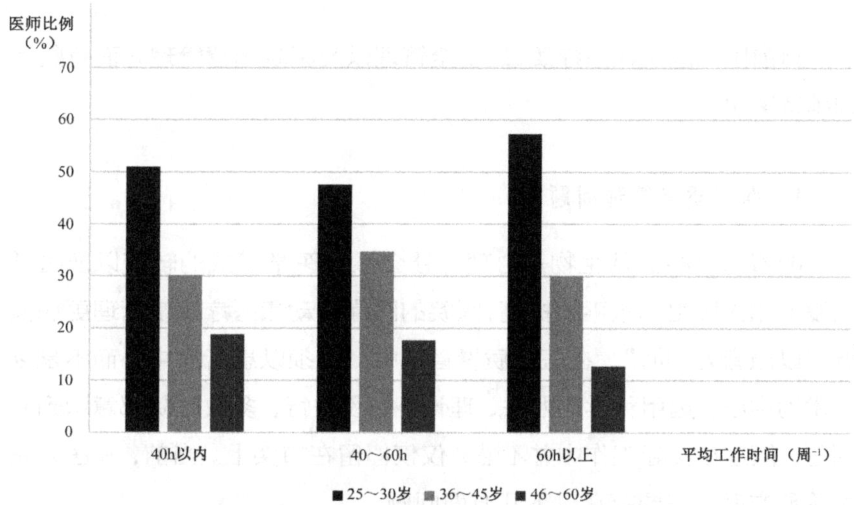

图 1.3 每周不同平均工作时间中各年龄段所占百分比情况

除了看病贵和看病难的问题以外，国内还存在医疗资源分布不均衡的问题。中国优质医疗资源主要集中在中心大城市的大型公立医院，部分大医院高精尖医疗设备的配备率与医疗技术、住院条件等已接近甚至超过发达国家。与之形成鲜明对比的是，欠发达地区医疗资源配置相对缺乏，医疗技术水平落后。以病床数为例，2008 年每千人口医疗机构床位数前三位地区依次是上海 7.01 张、北京 6.99 张和天津 4.72 张，后三位依次是贵州 2.05 张、江西 2.08 张和广西 2.08 张，地区差异明显。医疗资源的宏观分布出现了两极分化，微观的分布也同样存在着两极分化。以北京为例，北京 80%的三级医院集中在中心城区和海淀、朝阳两区，南城地区和远郊新区的优质医疗资源不足，不能很好地满足居民医疗服务需求[1]。

1.3 国内医疗管理的问题

目前国内医院在医疗质量、安全管理以及医院运营管理方面有些问题亟待解决。

1．医疗质量管理问题

随着医学模式从生物—心理—社会系统医学模式的转变以及医学的发展和人民生活水平的提高，医院的医疗活动和医疗质量管理更加强调“以患者为中心”。在医疗质量管理中，必须以患者为中心而不是以技术为中心，运用科学的办法、理论、手段进行，多数医院都意识到此问题，但是在实际工作中并不然，仅仅停留在口头上。当前，在医院质量管理方面，主要存在以下几方面问题。

（1）重结果，轻过程。目前，多数医院主要是对医疗质量综合情况进行事后的检查和回顾性分析。事后检查是必要的，为了提高医疗质量，更应该强调对环节和基础质量的控制。

（2）质量、成本协调性差。在加强医疗质量管理的过程中，成本管控的意识还有待加强，应该把质量管理提高到更全面、更深入的高度。兼顾医疗质量的同时，还需注重工作效率、费用、社会评价等相关问题，即提供优质服务的同时，重视质量与成本的统一，重视医疗质量的社会、经济效益，力争做到质量和成本的双赢。

（3）医疗质量的标准化管理不完善。目前，标准化管理在各领域中已得到广泛的应用，通过标准化管理，可合理组织医疗活动，提升技术协作，从而正确评价医院质量。在医疗质量标准化管理中，多数医院还需完善制度，同时落实制度，并做到持续改进。

2．医疗安全管理问题

医疗安全事关医疗业务活动的每一个环节，比如患者的身份识别、用药安全、手术安全等。在诊疗活动中，需严格执行“查对制度”并采用唯一关键字对患者身份进行识别，确保对正确的患者进行正确的操作。完善关键流程识别措施，建立转科交接登记制度。对手术部位应进行标识并有严格的流程，手术过程手术风险评估，医护人员在临床诊疗活动中需遵循卫生相关要求。严格执行毒麻特殊药品的管理与使用。建立危急值、不良事件与隐患缺陷的制度与可执行的工作流程等。目前，在医疗安全的管理过程中还存在以下问题。

（1）注重经济效益多，重视医疗安全工作少。许多医院缺乏对医疗安全和防范医疗安全事故足够的认识，存在内部安全管理混乱，安全组织不健全，制度执行不力。

（2）安全管理方式错位，管理力度不足。多数医疗安全管理属于事后管理，没有形成管理回路，不能实时监控医疗安全的细节，发现潜在的问题，不利于医疗安全的管控。

（3）医护人员安全意识不强。医务人员在工作中，责任心不强，存有侥幸心理，而潜在的事故隐患依旧得不到及时的排除和纠正。

（4）医务人员综合素质有待加强、加大培训力度。部分医护人员业务素质不强，对所运用的治疗方法或药品的毒副作用认识不够，在出现不良反应时，不能正确予以处理。医务人员对设备的性能、检查不能熟练掌握，造成新的组织器官损伤。

3．医院运营管理问题

改革开放以来，医院的经营观念发生了变化，企业先进的管理理念与方法进入医院，医院管理者普遍重视了医院运营，服务意识增强，然而由于长期受计划经济体制的影响，以及医院管理学科发展的制约，当前医院管理还有很多地方亟待加强和完善，主要表现在以下方面。

（1）经营管理常识缺乏，医学活动与经济运作不分。在医院管理中缺乏科学的营销策略和经营战略、缺乏市场观念和成本意识，医院的发展受到严重的制约。医院运营管理中必须强化成本控制，降低医院的运营成本。最终用比较低廉的费用提供比较优质的服务，满足广大人民群众基本的医疗服务需求，不能以牺牲质量为代价来降低运营的成本。牢固树立成本意识，加强宣传教育，利用考核、奖惩这一系列手段，让成本观念深入人心。制订完善的规章制度，规范工作流程，建立完善的组织机构，使医院成本控制有序开展。在做好成本管理工作的前提下，大力在医院推行全成本核算，综合利用作业成本管理、临床路径、流程重组以及 DRG 疾病诊断分组付费等先进的管理模式和方法来提高医院成本控制效果。

医院的发展需遵循市场经济的规律和医疗卫生事业的发展规律，强化法制意识与竞争意识，贯彻竞争的原则，强化效用最大化的观念，注重经济效益、社会效益统一性的问题。需遵循中国医疗卫生事业的性质——社会福利公益性，医院的发展注重社会效益最大化、结构的合理性，防止盲目做大做强，医院的发展一定要根据自身的情况实事求是，适度适时，要做强做精，核心是发展，关键是科学，只有科学发展才能得到全面的可持续、和谐的发展。正确处理好外涵与内涵发展的关系，把握医院正确的建设方向。

采用医学与经济活动分开管理，将提高效率，提高经济运作能力。同时，使专家型的院长们有更多的精力投入到提高医院学术专业水平上。

（2）经济管理的手段不科学、不完善。虽然在成本核算、预算制度方面取得了一些进展，但成本核算的准确性、科学性以及有效性有待提高，尚不能做到科学的预算，不知道成本管理的重点在哪里。切实保障患者的权益，对公立医院来讲这是责任，建立和谐的医患关系，要充分考虑患者的经济承受能力，为患者提供合理治疗和检查，要始终将医院承担的社会责任放在首位，不断提高医院在社会各界的影响。

（3）重硬件轻软件。很多医院盲目建设，过度负债，不注重效率和效益，只重视医疗毛收入不讲成本。在培养品牌意识方面，对医院品牌形象关注度不够。在医院文化建设方面，坚持以德治院，以患者为中心，从精神高度的层面来搞好文化建设方面有所欠缺。医疗质量技术水平管理理念和文化是医院的核心竞争力，培养核心竞争力的关键是创新——管理创新、技术创新、服务创新。吸收国内外优秀的经验、确立创新战略、完善创新措施、营造浓厚的创新氛围、简化就医流程等方面亟需加强。

（4）医院的市场定位不清。医院市场定位指医院在市场上形成的以区别其他医院的独特的地位。定位就是对市场细分，找准细分目标市场，确定目标患者，对其特点和需求进行分析，并采取针对性的服务措施，从而提供高质量的服务。

（5）医院工作量测定和流程优化有待加强。在医院管理中，服务量的测定、就医流程的优化非常重要。对医院管理工作采用量化管理，用数据说话。

（6）医院市场营销力度不够。信息时代，世界变化越来越快，医疗市场亦在发生飞速的变化，医院管理人员必须具备信息采集与分析能力，可区别垃圾信息，吸收有效信息，形成准确的决策。

（7）信息透明度待加强。目前，患者与医院间信息不对称，是导致现在医患关系紧张的一大主要原因。其实患者对医院信息了解越多、越清楚，对医院信任感也会越强，到医院就诊的可能就越大。医院传播的信息途径有很多，比如广告、内部固定展示系统、宣传报道、网络新媒体等。

（8）建立学习型医院力度不够。一个医院有没有名医和重点科室非常重要，21 世纪的竞争就是学习力的竞争，医院需要加大投入，加强人员培训，打造名医名科。

医疗是一个复杂的系统，不但包括了医院内部人、财、物资源的合理分配协调，而且包含了医患关系及社会中各种因素的相互作用。在解析该复杂系统的基础上，打通医疗过程中的各个环节，解决长期以来面临的难点、痛点。在信息技术高度发达的今天，采用信息技术的手段，可将管控的触角延伸到医疗的每个环节，可提高资源使用效率，降低资源浪费，医疗业务与信息技术的融合已逐步成为主流。

第2章

医疗信息化

医疗信息化已成为医疗活动必不可少的支撑手段，医疗信息化过程会横向跨越医院所有科室部门，进行信息化战略规划非常有助于对医院管理、医疗服务的有效支撑。通过信息化整体规划，将建立医疗服务、医院管理相匹配的先进信息技术能力。

2.1 医疗信息化现状

我国医院信息化建设大致可分为以下四个时期：

（1）单机使用时期。主要开展门诊划价收费、住院费用、药库的管理等，此时期开始于20世纪70年代末至80年代初。

（2）部门级应用时期。此时系统具备住院管理、门诊收费、门诊发药、药品管理等功能，此时期始于20世纪80年代中期。主要以财务核算为主，开展以收费项目为基础的一系列财务、后勤物资、病区管理等应用。

（3）全院级时期。一些大医院相继建立了较为完善的医院信息系统，主要包括医护工作站、电子病历系统、医学影像系统等，卫生部于1995年启动了“金卫工程”，从而进一步促进了我国医院信息系统的完善。此阶段强调临床管理信息化，以提高医护人员的工作效率和工作质量为目标。

（4）医院间协作时期。随着互联网的普及，医院间开展了远程医疗及远程教学，通过互联网传输患者资料、检验、检查信息，从而开始医院间协同工作。在社区、偏远地区可实现远程的医疗信息资源共享。

从总体上看，我国医院信息化建设仍然存在不少问题，与发达国家还有一定差距。具体问题如下。

1. 信息化建设重视度问题

信息化建设之初，由于多数医院对信息化建设的认识不足，导致对信息化建设重视不够，缺少相应的人力、财力和管理的投入。

（1）都说信息化建设是“一把手工程”，而实际上由于医院信息化建设的过程较长、投入巨大，短期效果不明显，又无显性的经济效益。所以对医院来讲，很难将其作为一项重点来抓，院领导更是不能深入其中[1]，这导致了在医院信息化进程中需要配合管理措施时执行不力，无法很好地协同工作。

（2）大多数医院面临着医院资金投入不足、缺乏必要的技术人才和技术支撑等诸多问题。原卫生部曾要求各级医院每年按照总收入的3%～5%用于信息化建设，但是近一半的医院在信息化方面的投入占医院的总收入不足 0.5%，缺乏资金支持是医院信息化建设的一个主要原因。如果医院的院长能够像对待财务和人事那样亲自主管，并深入到信息化建设当中，这些问题都能得到有效解决。

2. 信息化建设流程再造问题

信息化流程再造不是模拟原手工流程的信息化，它是完全不同于传

[1] 田凯，杨丽. 当前中国医院信息化建设的突出问题和对策[J]. 中国医用工程与装备，2013 (3).

统的手工模式，它会带来思想意识的改变、业务流程的改变、管理模式的改变。所以医院信息化建设是业务流程优化与重组的过程，是转变思想观念的过程，是进一步完善医院管理的过程，是提高医院整体医疗水平的过程。在手工流程模式下，即便医院制定了再严格的管理制度，总有一些人不会去严格执行，所以是否规范完全取决于人为因素，而利用信息化的技术手段可以对其中的一些不规范操作加以限制。由于职能部门对医院信息化建设的管理意识较差，并且参与程度也不够，导致了在医院信息化流程再造的进程中，需要调整医疗流程时无法做到彻底，需要配合管理措施时执行不力，需要不同岗位不同科室之间配合时无法很好地协同工作[1]。

3. 信息系统互联互通问题

每家医院的信息化工作都涉及几十个厂家，每个厂家的数据、标准、采集、存储都不一样。因此，在一家医院都会出现很多孤岛，更别说整个医疗行业了。由于医院信息化系统缺乏统一标准，导致在不同医疗机构之间、医院内部之间、不同业务系统之间形成大量“信息孤岛”，导致资源无法共享。在当前大数据环境下，我国医疗信息的数据主要来源于居民健康调查、诊疗过程和医院管理活动。目前我国尚无大家统一认可的巨量数据收集标准，因此不能保障数据的真实性、准确性，一方面在数据收集上没有统一标准，另一方面亟待建立统一的数据质量标准。目前数据汇总和统计剖析能力较低，导致大量数据难以充分应用，无法发掘隐藏在数据中的知识，影响了医疗信息化进程的推动。

4. 信息化建设改善医、护、患体验问题

大型公立医院普遍存在“三长一短”的现象，也就是“挂号排队时间长、看病等候时间长、取药排队时间长、医生问诊时间短”，对急于求诊的病患而言，这是不折不扣的“痛点”。挂号难、就诊慢、环境差，

这也是患者在医疗过程中经常抱怨的问题。挂号难是优质医疗资源短缺的一个缩影，集中体现在大城市大医院专家号供不应求。尽管社会各界反映强烈，但仍无法满足患者的需求。面对患者对高品质医疗的需求，如何立足现有条件进一步改善患者的就医体验？ 医护工作者除了完成临床的工作，还面临许多琐碎的管理工作。怎么让医护工作者从烦琐的管理工作中解脱出来，全身心地投入到临床工作中，改善医护工作者的工作体验？这都是医疗信息化建设亟需解决的问题。

5. 信息数据利用问题

各大医疗机构均拥有大量患者诊疗信息，既往病史、治疗方案、随访信息等数据，但缺乏有效的加工分析能力，缺乏数据收集和整理的统一标准。虽然医院信息系统（HIS）和电子病历已在大医院中普及，数据量已经不再是问题的关键，但可供整合的数据仍十分有限，数据挖掘的相关技术，才是医院下一步的关键所在。多数医院还是使用的传统方法统计表单、表层运营数据，且仅局限于内部使用。

国外医疗信息化起步比我国早，但是我国医疗信息有后发优势，可以吸取国外医疗信息化建设中的经验教训，把先进的信息技术应用于医疗业务及日常管理工作中，可以改善医疗服务流程，提升患者的就医体验，同时对医院的管理有极大的推进作用。

2.2 医疗信息化的应用

随着经济全球化、社会信息化时代的到来，我国医院已进入了信息化时代。信息化使医院工作流程发生了改变及创新，同时使医院得到了全面发展，医院管理上了一个台阶。在医疗领域，基于信息技术的各类应用日益受到重视，医疗业务与信息技术的融合已逐步成为主流。

医疗信息化的内涵包括三个方面：一是临床诊治过程信息化；二是医院管理信息化；三是无处不在的信息化医疗服务平台。诊治过程信息化可减少患者就诊环节，减少由于经验不足引起的误诊误治，从而提升医疗质量，提高医疗安全性。医院业务管理信息化包括医院的物流、物品的采购、追踪、消毒和科室及医护人员的业绩考核等。无处不在的医疗服务需要医疗设备信息化、医院空间智能化等多种技术的综合支持，对患者来说，可以享受到更加便捷、安全、高效的医疗服务。对医护人员来说，为他们创建无纸化、无线化的工作环境，减轻繁重的工作负担，提高工作效率，减少人为失误。

医院信息系统是以支撑医院日常医疗、服务、经营管理、决策为目的，用于信息收集、处理、存储、传播的各相关子系统的集合。信息技术已成为医疗服务和医院管理变革的驱动力，信息化的应用水平，直接影响了临床诊断的效率和质量。通过信息共享、流程规范，可减少沟通成本和人为差错。没有信息，医院领导就无法指挥、控制和进行有效的管理。同时，在医疗业务上对信息的依赖性更大，信息技术在医院中的应用主要体现在以下方面：

（1）实现全院医疗业务信息化，再造就医流程，提升患者就医体验。

（2）通过信息系统可掌握患者的流动情况、医疗收入情况、资金流动情况、药品材料的库存情况等。

（3）医院与社区医疗服务机构的信息协同和共享，通过远程医学的建立，打破地域界限，远距离提供医疗及信息服务。

（4）提高信息透明度，减少信息不对称。通过自助查询系统，实现对治疗、用药和检查项目的费用随时查询。

（5）信息系统可提供完整、真实、准确的人财物信息和数据，实现规范化的财务管理和有效的绩效管理。

（6）通过无线移动技术在床旁校对患者信息、医嘱、药品，提高医疗质量，确保医疗安全。

现在，各大、中型医院已经在普遍进行信息化管理，在某种程度上提高了用户的效率，提高了诊疗的准确性和客观性，可完成手工方式下所不能完成的海量数据的检索与管理，可在人工无法完成的短时间内完成制定的工作，使人工无法完成的工作和管理成为可能。目前国内医院信息化架构主要分为医院内部系统和行政监管平台两个部分。

1．医院内部系统

信息技术在医院的大力应用，可为医院内部运营各个环节提供相关功能，从而形成几大应用领域，具体领域划分如图 2.1 所示。

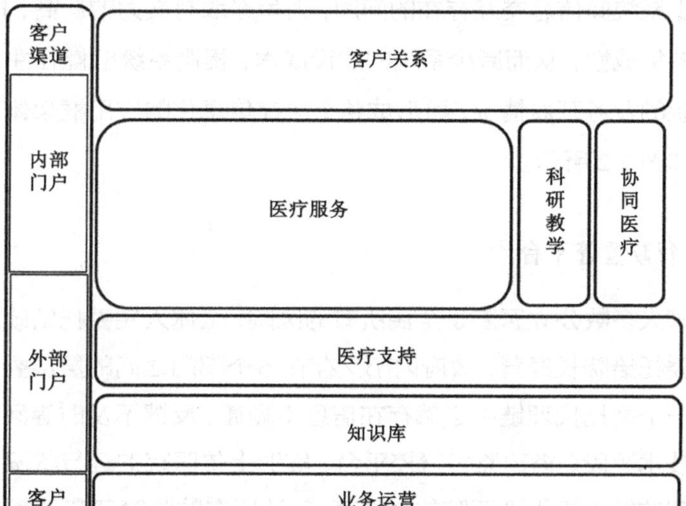

图 2.1　医疗信息化应用领域

医院的业务活动极其复杂，涉及众多的人、财、物沟通与流动，因而，对于医疗业务支撑的医院信息系统是一个十分复杂的系统。医院信息系统的研发主要围绕医院的以下三条主线开展。

（1）HIS（Hospital Information System）系统。此系统包含医院的主要业务，从患者建卡、挂号、就诊、医护工作站、收费、取药到住院等相关业务都在此系统中实现。

（2）PACS（Picture Archiving and Communication Systems）系统。此系统包含放射、B 超、心电、病理等相关影像图文业务。

（3）LIS（Laboratory Information System）系统。此系统主要为检验、化验等相关业务系统。除了这三大主要业务系统外，还有围绕这几大系统衍生的周边业务，医院信息化实施完毕后，整个信息系统的数量可能在百个系统左右，数量庞大的信息系统需要大量信息厂商的参与，为了减少系统间信息交互存在的问题，力争选取有实力的厂商，提高信息系统的集成性，从而减少系统的建设成本，提高系统的健壮性。结合每家医院的业务开展情况，可形成整个医疗信息化的应用框架体系，详细情况如图 2.2 所示。

2．行政监管平台

我国大多数公立医院是全民所有的医院，全体人民委托给政府，然后政府委托给院长经营，政府内部又存在各个部门之间的层层委托，这样长的一个委托代理链中必然存在信息不畅通、反馈不及时等问题。通过信息技术手段，搭建监督管控平台，实时上传医院的运行状况，可让行政管理的触角深入到医院的每个环节，让所有的监管环节暴露在主管部门的监控下，减少弄虚作假的可能性，同时提升主管部门的决策效率。此部分系统是建立在前期医院内部信息化管控基础上的系统。

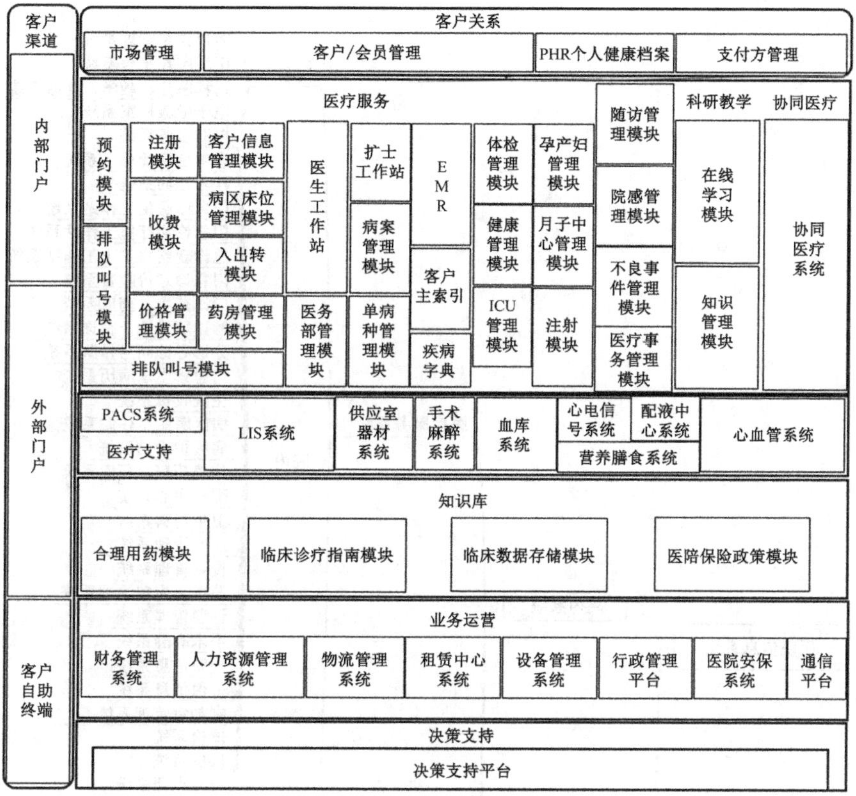

图 2.2 医疗信息化应用框架体系

针对医院医疗业务及管理方面存在的难点、痛点深入分析，通过信息技术作支撑，可以实现涵盖医疗业务、管理、运营、决策支持等领域的信息化，主要包含医疗业务系统、管理系统、医院运营系统、决策支持系统，具体组成如图 2.3 所示。

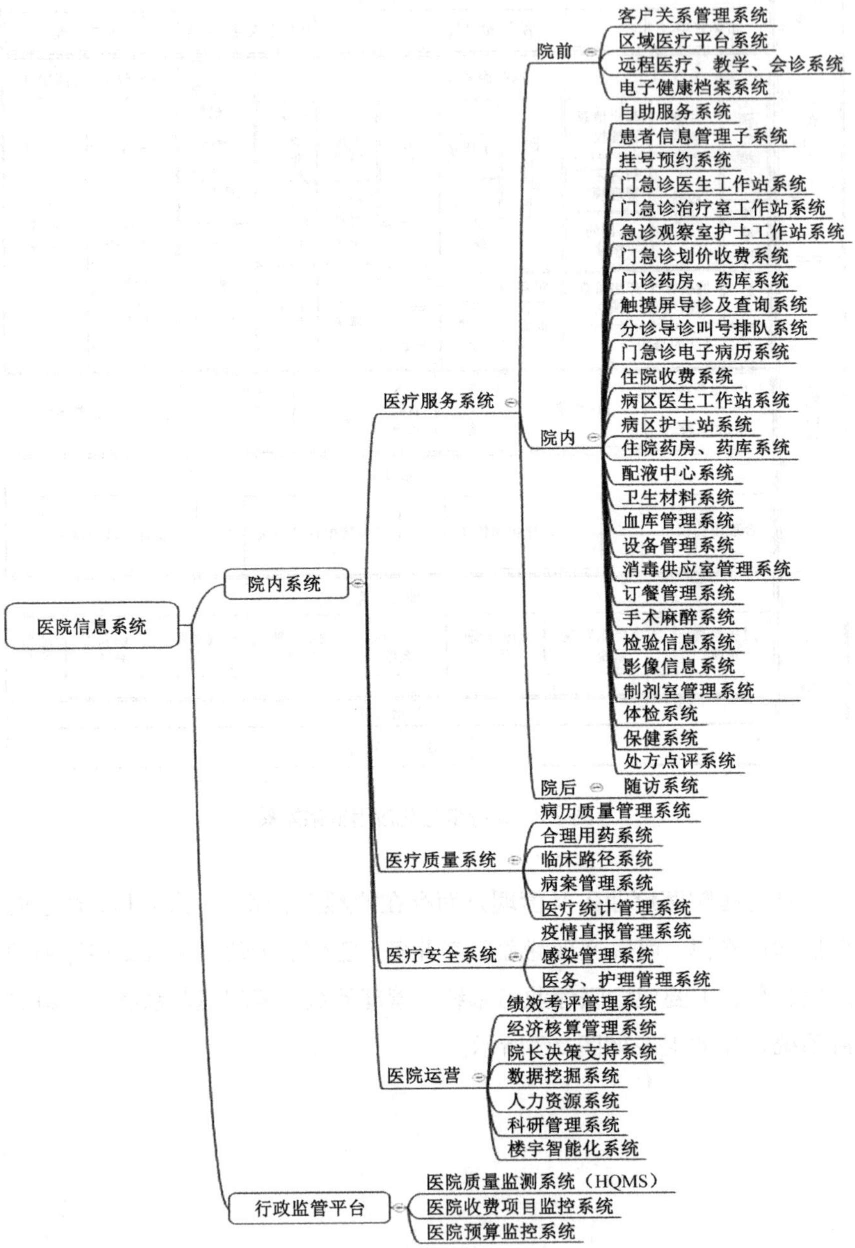

图 2.3　医院信息系统架构

2.3 医院信息化愿景及建设原则

为了搞好医疗信息化建设应以医疗服务优势资源为根基，以"家庭式"服务理念为核心价值，实现超越患者/客户预期的医疗服务诉求。立足高起点、成熟的信息化技术解决方案，充分借鉴国内外医院的信息化经验，构建信息技术平台。医院在进行医疗信息化建设过程中，需遵循以下原则。

（1）统一规划，遵循标准。在医院层面集中信息化建设、运维和管理职能，确保 IT 能力以适应医疗服务、运营管理的要求。信息化的统一规划并严格遵循标准，能够有效保障医院平台与科室、各个科室之间的充分协同。

（2）业务为本、适当前瞻。适应未来医疗服务模式和业务流程上的可能改进，并结合行业发展趋势，具备一定前瞻性。确保 IT 需求能够得到充分整合，需要将各个科室的 IT 需求在医院层面进行统筹，并尽量使用集中、共享的应用系统和基础设施。

（3）突出重点，务求实效。在信息化建设过程中突出业务重点，考虑实施风险，兼顾资源限制，追求实际应用效果。通过应用系统的集成来实现医院信息的一体化，促进对业务流程的集成。

（4）整合资源、构筑能力。在信息化队伍建设过程中，同时关注 IT 人员技术和业务能力建设，更好地促进 IT 与业务融合。借鉴国内外医院信息化建设经验和成果，同时利用外部资源帮助医院构筑、提升核心 IT 能力，并保持适当的开发能力。

（5）领导重视，用户满意。在 IT 治理中，领导要充分重视信息化建设并参与决策，必要时可借助外部专家团队作为智囊团。在 IT 服务过程中，在服务规范的指引下，以业务需求为出发点，强调面向过程、聚焦服务质量和用户满意。

本章对医院内部传统的医疗信息化建设涉及的领域及建设中注意的事项进行了全面的阐述。随着移动互联网的兴起，如何拓展传统医疗服务的时间、空间，实现医疗服务方式由患者被动式接受服务到主动式参与的转变，在这一大的时代背景下，移动互联网与医疗的结合产生的“智慧医疗”被推到了风口浪尖上。

第3章

智慧医疗

智慧医疗是最近兴起的词汇，利用移动互联网技术，实现患者与医务人员、医疗机构、医疗设备之间的互动，从而实现信息高度的共享互通，深入解决医疗环节过程中的难点、痛点问题。

3.1 “互联网+医疗”

3.1.1 概述

2015 年 3 月 5 日，李克强总理在第十二届全国人民代表大会政府工作报告中第一次提出国家要制定“互联网+”战略。此后，国务院发布的《全国医疗卫生服务体系规划纲要（2015—2020 年）》指出要积极应用互联网、物联网、云计算等信息化技术来转变卫生服务模式，惠及老百姓，标志着“互联网+”正式进入医疗卫生新蓝图。7 月 4 日《国务院关于积极推进“互联网+”行动的指导意见》进一步提出“大力发展以互联网为载体、线上线下互动的新兴消费，加快发展基于互联网的医疗、健康、养老、教育、旅游、社会保障等新兴服务。”

通俗地讲，“互联网+”就是“互联网+各个传统行业”，但这并不是简单的两者相加，而是以互联网为平台，以信息技术为手段（包括移动通信技术、云计算、物联网、大数据等），让互联网与传统行业进行深度融合，创造出新产业、新模式、新生态。跨界融合、创新驱动、重塑结构、尊重人性、开放生态、连接一切是它的特点。“互联网+”不仅是一次技术和经济的创新，更是一次对社会生产生活的全面改造，人们也将“互联网+”给传统行业带来的影响称为“颠覆与进化”，“互联网+”的出现使传统行业面临前所未有的冲击和挑战，但同时也迎来无限机遇[1]。

“互联网+医疗”是互联网在健康行业的新应用，是国家积极引导和支持的健康行业发展模式，是应用信息化手段缓解“看病难、看病贵”问题的一个重要探索，通过打造新的服务模式，丰富医疗服务供给，为老百姓提供便捷、规范、安全优质的服务，促进优质医疗资源效率最大化，降低老百姓看病就医的负担。同时，“互联网+医疗”的融合可大大缓解信息不对称问题，消除信息碎片化，增强信息之间的关联性和系统性，改善中国医疗资源配置不合理的困局，让稀缺的医疗资源利用效率更高，同时也增加了优质医疗资源的覆盖面。

因此，随着医患冲突的不断升级，为了防止国内医疗问题积重难返，目前亟需“互联网+”的介入，国内医疗系统需要重新建立新的医疗生态链，真正实现以患者为中心的医疗信息化。

3.1.2 “互联网+医疗”的形式

信息技术极大地推动了卫生医疗事业的发展，深刻改变了医疗现状。互联网医疗是伴随互联网飞速发展出现的一种新型医疗手段，它的出现是医疗健康服务业发展的必然趋势，主要有以下几方面原因：

---

[1] 王蕾，赵国光. “互联网+医疗”的困境及政策解析[J]. 中国医院，2016 (2): 45-46.

（1）医疗资源配置不合理。在我国，看病难、看病贵等问题长期存在，“等候三小时看病五分钟”成为常态，医保联网欠缺以及分级诊疗制度不完善，优质医疗资源被“小病”占据，而基层医疗资源却被闲置，这些低效率运行的问题为互联网医疗提供了发展的空间。

（2）手机网民的急速增加，推动移动互联网的巨大市场。来自网上一组统计数字，截至 2015 年 12 月，我国手机网民规模达 6.20 亿，较 2014 年底增加 6303 万人。网民中使用手机上网人群占比由 2014 年 85.8%提升至 90.1%。据统计，45% 的消费者希望借助移动医疗能够更便利和更有效地就医，36%的受访消费者认为移动医疗能在很大程度上解决“看病贵”等问题。

（3）信息技术的快速发展、智能终端的普及、传感器技术进步、互联网基础设施的改善为互联网医疗提供了发展的土壤[2]。因此，医疗服务中一号难求、“三长一短”、医患沟通缺失、信任缺失等诸多痛点则催生互联网医疗创业者如雨后春笋般涌现。在线医患沟通平台、医医交流社区、患患交流社区等新的尝试层出不穷，各种医疗健康 APP 令人应接不暇。资本的狂热追捧，公众的热盼使得“互联网+医疗”话题炙手可热[2]。

“互联网+医疗”是连通全产业链，实现患者、医院、医药流通领域、制药企业、器械企业，以及政府医保、商业保险等各环节之间互联互通、数据共享。 互联网医疗致力于打造患者一站式服务闭环，包括患者在线上可以使用相应的软件进行自诊自查，也可在手机或电脑上与医生进行前期沟通，如需到医院就诊，可先在网上进行预约挂号，预约成功后即可直接前往医院，经医生诊断后开具电子处方，进行购药或检

---

[2] 张鑫，秦晴，潘大钊，等.“互联网+医疗”的理解与分析[J]. 中国卫生产业，2017 (10): 67-69.

查，购药可以在医院购买，也可在线上药店取药，之后还有后续的康复和健康管理都可以在线上完成，患者不需要多次往返医院。归纳起来，“互联网+医疗”为患者提供一站式服务分为 8 大环节，分别是健康管理、病症自查、网络问诊、预约挂号、导诊候诊、医生诊断、取药治疗与康复管理，实现医疗服务线上线下全流程无缝连接。

面对互联网医疗市场出现的几千款软件百花齐放的运行状态，从互联网医疗所提供的服务角度进行理解，归纳主要有以下 3 种服务模式。

第一种模式：互联网医院或称网络医院，它是以互联网为载体，为患者提供在线医疗服务的网络平台。目前互联网医院还处于探索阶段，它的服务理念是通过互联网、云计算、大数据、移动智能终端等 IT 技术实现“合适的患者”与“合适的医生”配对，开展导医、预检、辅助诊断、预约、咨询、信息采集、监测等健康管理服务。目前大家熟知的有乌镇互联网医院以及部分知名三甲医院开展的互联网医院业务，互联网医院使患者与医生间无需面对面，即可实现病情诊断、处方开具和药品的配送。互联网医院将构建起一个全新的智慧健康服务平台。

第二种模式：“O2O”线上线下相结合。目前，这种模式在互联网医疗应用中最为广泛。相比互联网医院，这种服务模式已经比较成熟，各大医院都推出自己的手机 APP，患者不需来医院即可在线上完成预约、挂号、缴费，在指定的时间来线下医院寻求诊疗，就诊完毕后，在线上可查询各类检查报告单。以往去大医院就诊时，根本挂不到号，或者排长队等候，而现在互联网医疗“O2O”服务模式极大地改善了就诊体验。

第三种模式：“自查+轻问诊”。这种服务模式是在线上向医生提问来寻求指导，或者是通过病状来找医生或医院，甚至可以在线上定制私人家庭医生，只要支付一定的费用，就可以定制自己的专属医生，进行健康管理。“自查+轻问诊”满足了患者自我诊疗需求，不需去医院，小病或慢病即可得到解决。未来的中国，每个家庭都拥有私人医生将不再是梦。

灵活多样的互联网医疗服务模式为百姓就医提供了多种选择渠道，虽然就医难、看病贵的现象仍然存在，但线上轻问诊、网络/互联网医院、网上药店等各种互联网医疗服务的出现，势必会使疾病的预防与诊治变得更加及时，从而极大地改善就医问题。

3.2 智慧医院的创新探索与实践

四川大学华西第二医院是国家卫计委部署在西南地区唯一一家三级甲等妇产儿童专科医院，是整个西南地区的危急重症中心，门诊量在2016 年已经突破 210 万，医院占地面积很小，也是全国单位面积服务患者最高的医院。2016 年获得互联网医院牌照，成为四川省首家互联网医院，在政策上得到了很大的支持，率先打通微信医保支付，已经起到标杆作用。

四川大学华西第二医院建立“微信智慧医院”平台、运营以及智慧医院的深度创新服务探索，通过“互联网+智慧医院”提升了医院内部管理效率；弥平医疗资源的鸿沟，有效推进优质医疗资源向基层延伸发展，具体实现方式如下。

3.2.1 “医–患”在线联动新模式

患者可以通过医院的微信服务号进行当日挂号、预约挂号、全流程缴费、检查检验预约、报告查询、便民开单、在线问诊、诊后随访等贯穿就医全流程的便捷就医服务。缓解了医院的接诊压力，大大改善了患者的就医体验。利用微信服务号在线实现就医的具体功能如下。

（1）电子就诊卡。患者通过我院微信服务号可以办理电子就诊卡，一种办理方式为上传身份证正反面照片，然后系统通过图片识别将身份证上信息读取出来，用户确认后即可生成电子就诊卡；另一种办理方式为上传户口簿或其他有效证件的照片，填写基本信息后进行提交，医院后台工作人员会在24h内对申请信息和照片信息进行比对确认，审核完成后即可生成电子就诊卡，如图3.1所示。

图3.1　电子就诊卡

（2）挂号。患者通过微信服务号足不出户即可实现在线挂号，并且能提前安排就医计划；有卡患者直接选择事先已绑定的就诊卡进行当日或者预约挂号，无卡患者通过系统提供远程办理电子就诊卡功能事先进行电子就诊卡的办理，然后即可进行当日挂号或者预约挂号，如图3.2所示。

图 3.2　微信挂号

（3）导诊挂号。有的初诊患者不清楚该看什么专业的医生，为了指导患者找到与疾病对症的医生，微信服务号开通了“导诊挂号”功能。患者可以在挂号时选择“导诊挂号”，根据患者所填年龄、性别、症状等在系统中进行匹配，从而推荐最适合的医生，作为患者挂号的参考，提高了看病的精准性，如图 3.3 和图 3.4 所示。

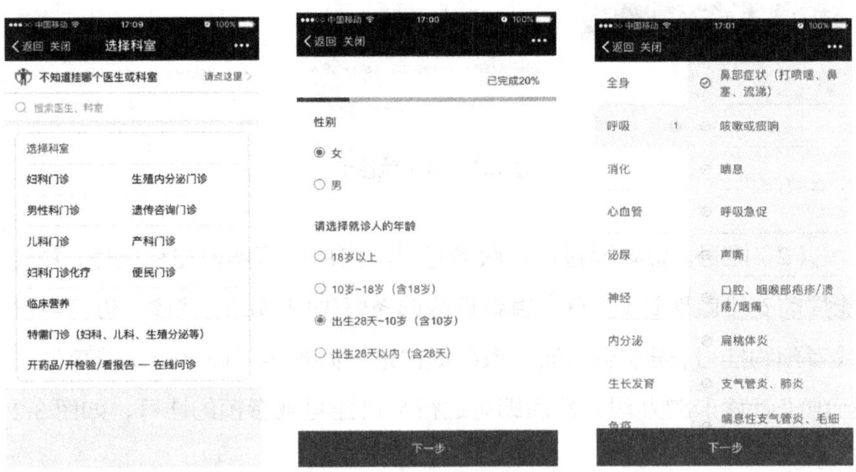

图 3.3　导诊挂号（1）

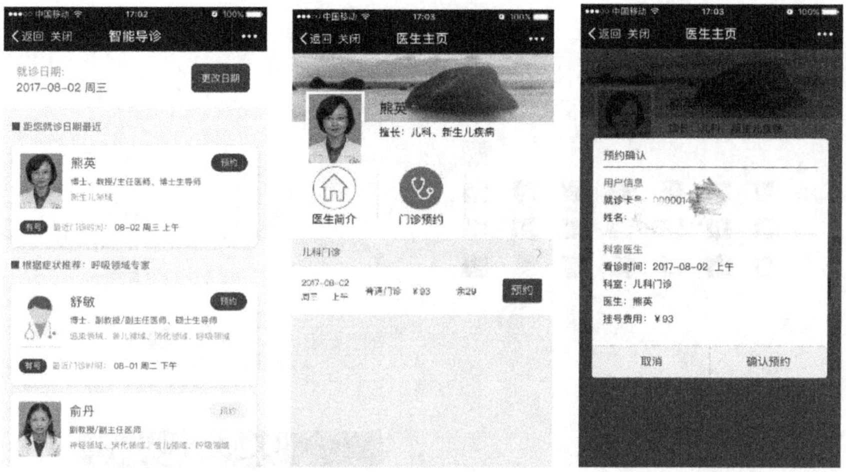

图 3.4　导诊挂号（2）

（4）候诊信息推送。为了减少患者无效的等待时间，当患者挂号完毕，可自行设置在自己看诊前需要提前多少个号数事先进行“提醒”，同时患者也可主动发起查询，可以了解诊室里医生正在看诊多少号，这样患者可以很精准地在合适的次序即到即刻看诊，减少患者在诊室门口盲目等待的时间，从而将候诊区对外延伸，如图 3.5 所示。

（5）全流程缴费。全流程缴费分为门诊、住院。门诊医生在 HIS 系统中对患者进行病历书写与医嘱开立，一旦医生对医嘱审核完毕，患者手机端的微信即可收到缴费信息的声音提示，患者点开超链接就可看到检验、检查、药物及门诊治疗费的明细，确认无误后即可进行微信支付，然后可直接前往相关执行科室完成取药及检验、检查等；同时为了方便住院患者，还开通微信缴纳住院金预缴，便捷的缴费方式减少患者携带现金去窗口排队缴费的等待时间，如图 3.6 所示。

图 3.5 候诊界面

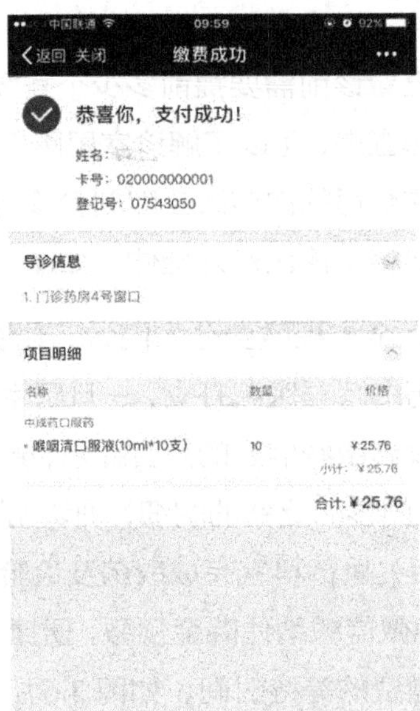

图 3.6 门诊缴费界面

（6）预约检查。对于检查项目，原有的方式是到人工窗口缴费，然后再到医技科室进行检查预约登记从而确定具体检查时间及序号。为了减少流程环节，开通了微信检查预约功能，微信服务号上缴费成功后，可直接在微信服务号上预约检查（超声、无创 DNA、胎监等）项目，减少前往人工窗口进行预约的环节，如图 3.7 所示。

图 3.7　预约检查

（7）查看检验报告。检验检查完成后，患者往往比较焦急地等待结果，不停地往返医院询问。为了减少患者无效往返医院的时间，微信服务号实现了系统推送检查/检验报告查询通知，一旦报告结果出来，系统会主动推送消息到患者微信上，同时用户也可通过手机扫描条形码或自行输入条形号码的方式，第一时间获取检查/检验结果，并且该电子单结果永久保存到用户手机上，如图 3.8 所示。

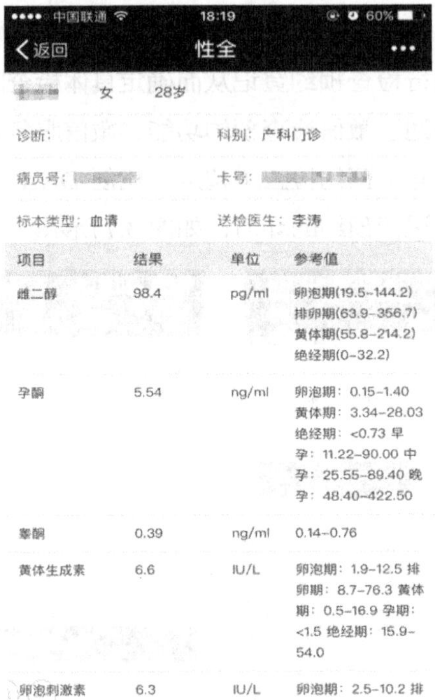

••••中国联通 18:19 60%

返回 性全 •••

女 28岁

诊断：　科别：产科门诊

病员号：　卡号：

标本类型：血清　送检医生：李涛

项目	结果	单位	参考值
雌二醇	98.4	pg/ml	卵泡期(19.5-144.2) 排卵期(63.9-356.7) 黄体期(55.8-214.2) 绝经期(0-32.2)
孕酮	5.54	ng/ml	卵泡期：0.15-1.40 黄体期：3.34-28.03 绝经期：<0.73 早孕：11.22-90.00 中孕：25.55-89.40 晚孕：48.40-422.50
睾酮	0.39	ng/ml	0.14-0.76
黄体生成素	6.6	IU/L	卵泡期：1.9-12.5 排卵期：8.7-76.3 黄体期：0.5-16.9 孕期：<1.5 绝经期：15.9-54.0
卵泡刺激素	6.3	IU/L	卵泡期：2.5-10.2 排

图 3.8　检验报告

（8）在线便民门诊。便民门诊主要是方便广大患者开药及检验检查，由于医院空间有限，在便民门诊排队等候现象也比较严重。为了解决这一问题，在微信服务号上患者可挂便民门诊的号，然后就可以选择要开的检查或检验，提交申请后等待医师审核确认，后台安排专职医生进行审核，审核通过后，系统会推送一条微信信息到患者手机上，患者打开手机即可进行在线缴费，缴费成功便可直接到医院的医技科室进行检查和检验，减少了前往便民门诊现场排队等候环节，大大缩短了就医流程，以及患者的排队等候时间。微信在线便民门诊一开通就受到广大患者好评，如图 3.9 所示。

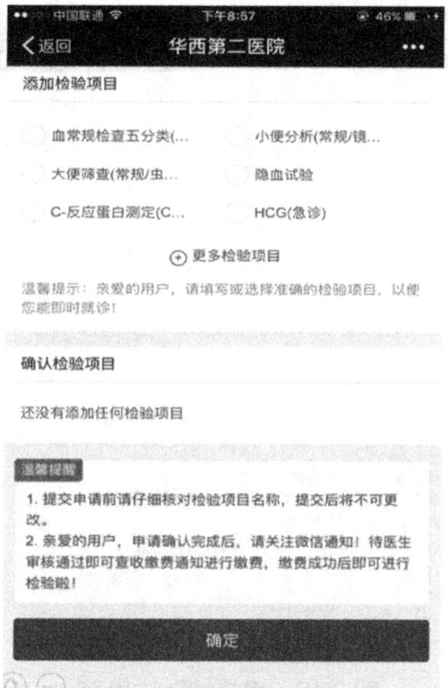

图 3.9 自助开检验

（9）微信随访。随访工作有利于医疗技术水平的提升，同时也可拉近医患间的距离。通常很少有医院开展诊后随访工作，医生与患者间的关系是瞬时陌生的关系，医生也无从得知自己的诊疗方案的反馈结果，对诊疗水平的提高及改进极其不利。在教学医院，带学生的医生为了开展科研工作，基本上会安排学生对有随访意义的患者进行电话随访工作，但这种方式随访对象配合度较低，通过手工记录下来的数据不规范。为了形成诊疗工作的闭环，在微信服务号上开通了随访功能，微信随访服务的医生端基于微信企业号，患者端基于微信服务号，并打通服务号和企业号，后台程序根据设定的任务定时会推送随访表单到患者的微信上，也体现医生、医院对患者的关心，让患者倍感温暖，在患者和医护人员之间架起了一座随访信息快速、准确采集的桥梁，医生根据采集上来的数据进行统计分析，有利于临床技术水平的提升及科研工作的开展，从而达到改进对疾病的诊疗方案，如图 3.10 所示。

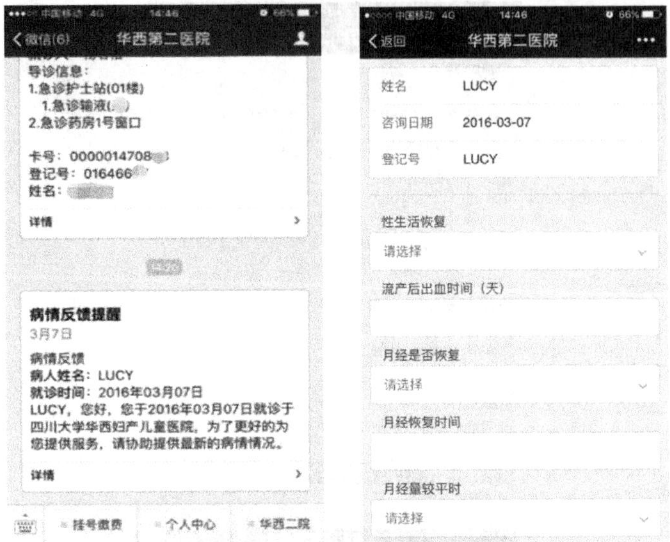

图 3.10　患者端随访界面

（10）在线问诊。各种需求的患者都前往三甲医院找大专家看病这是当前中国医疗的普遍现象，这些患者中有的症状轻微，有的只是看看报告，有的只想开药或开检验/检查，还有的根本不知道该看哪个科室哪个专家，但是他们有个共同点就是听人家说某某专家名气大，这样就会造成专家资源极大的浪费，真正急需看专家患者不能挂到专家号。为了让患者做到有目的、有预期地就医，在微信服务号上开通在线问诊，通过这种方式可解决患者诊前、诊中、诊后的相关问题，同时也达到了对患者进行健康和医学知识的宣教，起到了减少医患纠纷的作用。

2016 年 10 月 27 日获得“四川大学华西妇女儿童互联网医院”牌照，标志着“互联网+”创新探索全面升华突破，从以前简单的“轻问诊”升级为“网络诊疗服务”，医生利用碎片化时间为患者提供在线咨询，对复诊患者或者慢性病患者在诊断明确的情况下可开具电子处方、配送药品到家等服务。

患者关注“华西第二医院”官方微信服务号后，选择在线问诊的医生后，将自己的症状表现、检查结果以及其他病情资料通过图文信息发送给医生，医生通过语音或图文与患者进行交流。在诊断明确的情况下，医生可以为患者开立电子处方，处方经过审核后，患者可以选择自取药品或快递药品，再通过微信在线支付药品费用后，药品医嘱信息将自动回写进医院 HIS 系统，医院药房对处方进行审核并配药。选择自取药品的患者会收到信息告知其取处方签的时间及地点，平台工作人员会定期把处方签打印出来放置到指定位置，患者可以自行前往医院拿到处方后前往药房取药；选择快递药品的患者，工作人员将药品从医院药房取出交由快递公司工作人员包装好，然后根据患者填写的配送地址将药品配送到患者家，同时，患者可以在医院官方微信上查询药品配送的进度信息。

具体操作流程如图 3.11 ~ 图 3.14 所示。

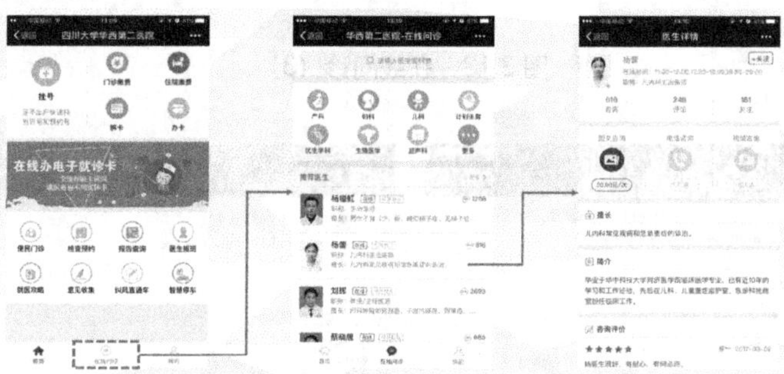

图 3.11 在线问诊（1）

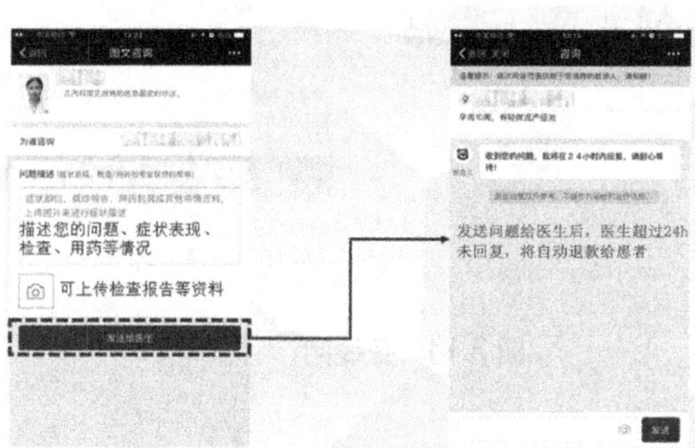

图 3.12 在线问诊（2）

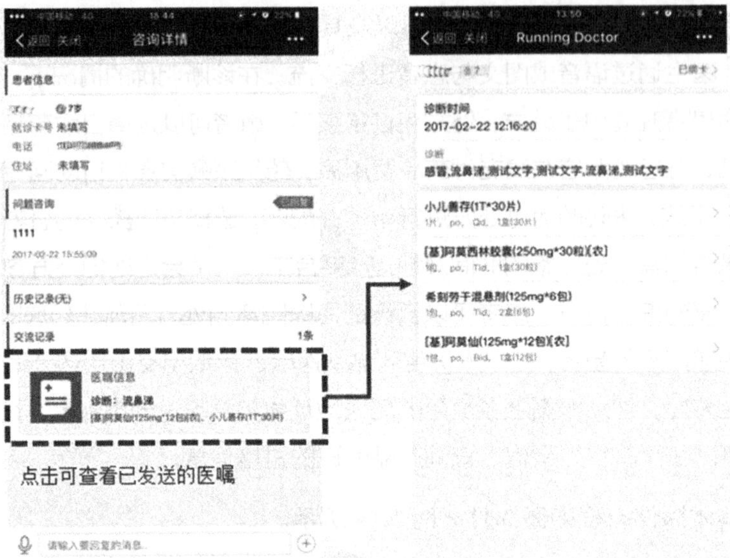

图 3.13　在线问诊（3）

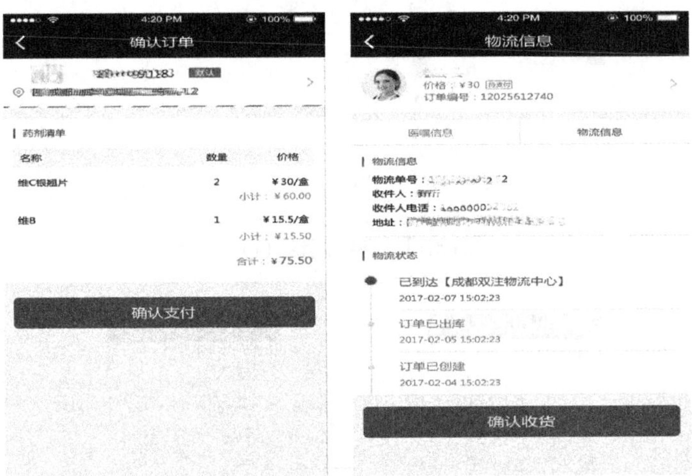

图 3.14　在线问诊（4）

2017 年 1 月，四川大学华西第二医院微信服务号打通了成都市医保支付。成都市医保用户可用微信绑定社保卡，一键完成医保及自费金额的在线支付，建立基于微信端的便捷医保支付通道。使用微信医保支付只需要两步：开通微信医保支付和缴费过程中使用微信医保支付，开通微信医保支付详细步骤如下。

（1）进入华西第二医院服务号，顺序点击“个人中心”－“管理就诊卡”－“开通社保支付”，或者在电子就诊卡界面右上角点击“开通社保支付”，进入绑定页面，如图 3.15 所示。

（2）绑定社保卡。选择“成都”，点击“立即添加”，如图 3.16 所示。

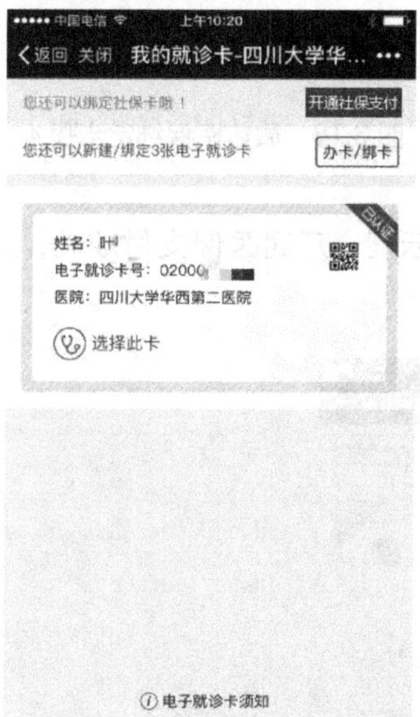

图 3.15　微信医保绑定步骤 1

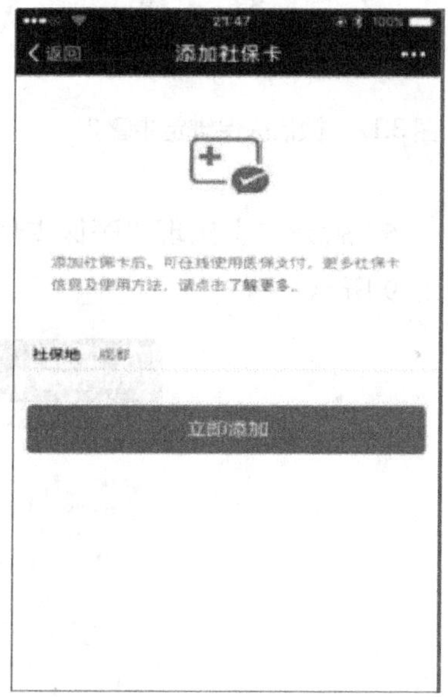

图 3.16　微信医保绑定步骤 2

（3）输入微信支付密码，验证身份，如图 3.17 所示。

（4）输入社保卡号及人社局预留手机号后验证，输入手机验证码，绑定社保卡成功，如图 3.18 所示。

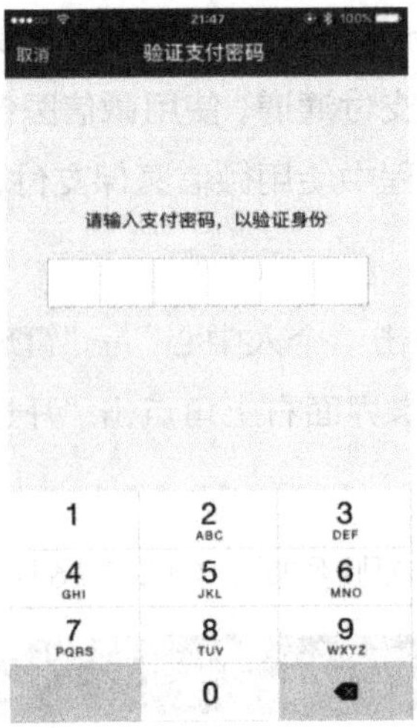

图 3.17　微信医保绑定步骤 3

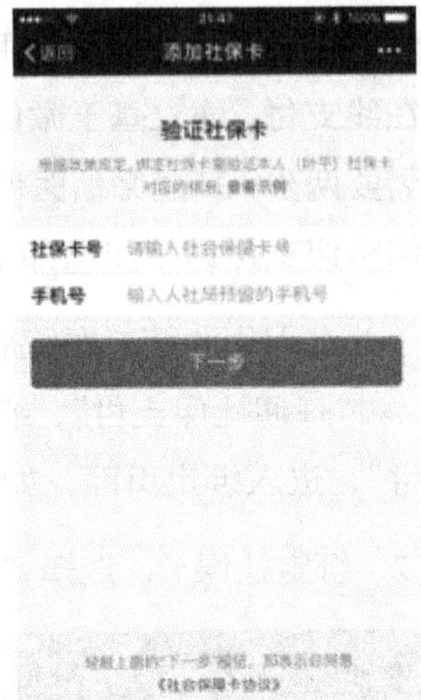

图 3.18　微信医保绑定步骤 4

（5）就诊卡上出现“医保支付”红色标签，开通医保支付成功，如图 3.19 所示。

图 3.19　微信医保绑定步骤 5

已开通本人医保支付的用户，在医生开具医嘱后，在微信服务号收到医嘱缴费提醒，点击“门诊缴费”开始完成缴费即可用医保支付。使用微信医保支付的步骤如下：

（1）点击“未缴费”，查看待缴费金额，点击“缴费”，如图 3.20 所示。

（2）选择标注有“医保支付”的就诊卡，点击“选择此卡”，如图 3.21 所示。

图 3.20　微信医保支付步骤 1

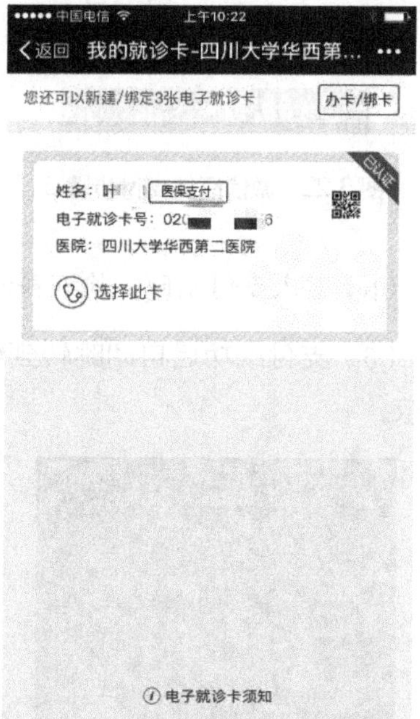

图 3.21　微信医保支付步骤 2

（3）确认缴费明细，选择付款方式“成都市医保个人账户支付”，点击“立即付款”，如图 3.22 所示。

（4）确认订单总额、医保可支付金额和需自费支付金额，点击“立即支付”，如图 3.23 所示。

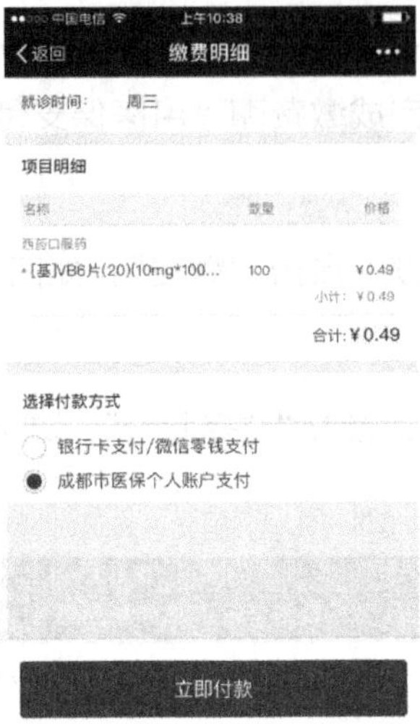

图 3.22　微信医保支付步骤 3

图 3.23　微信医保支付步骤 4

（5）输入支付密码，验证身份后，即可支付成功，如图 3.24 所示。

（6）支付成功后自动跳转到缴费详情，查看导诊信息，如图 3.25 所示。

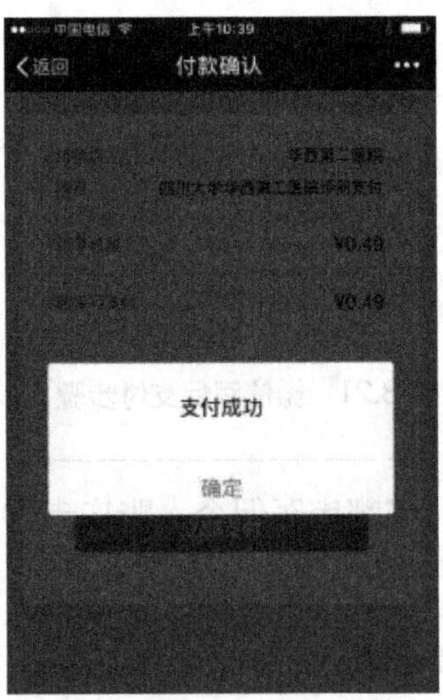

图 3.24　微信医保支付步骤 5

图 3.25　微信医保支付步骤 6

3.2.2 "医-医"在线联动新模式

为了更好地带动基层医疗水平，让患者在家门口就能享受四川大学华西第二医院提供的专家服务，创新我国目前传统分级诊疗服务模式，可以依托实体医院建立具有资源整合化、服务常态化、形式多样化、服务开放化和可管理化等特点的医联体分级诊疗服务体系，如图3.26所示。

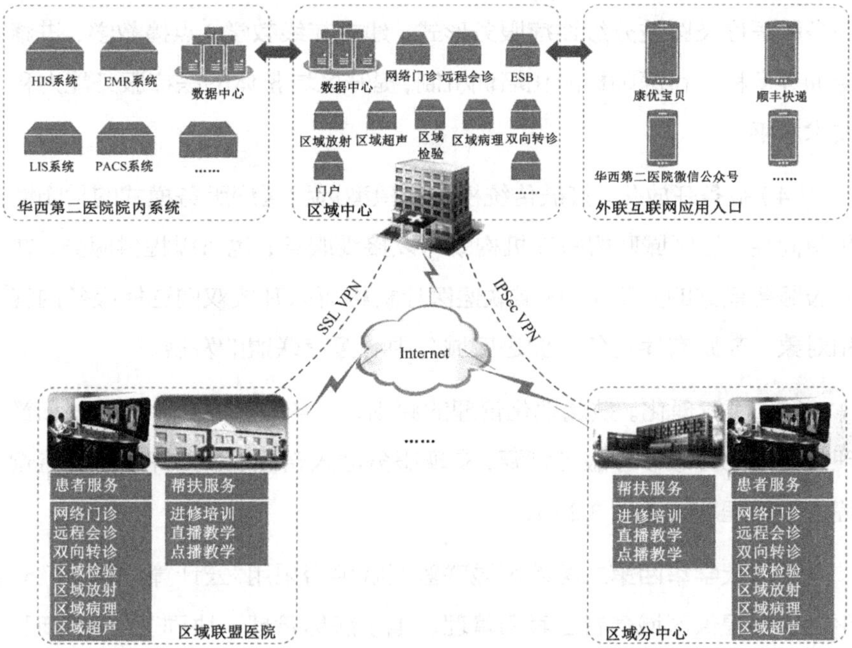

图3.26 医联体分级诊疗服务体系

（1）资源整合化。通过平台聚合优质医疗资源，通过互联网技术让资源下沉到基层，提升基层医疗机构的服务能力。

（2）服务常态化。改变点对点的分级诊疗服务模式，使医生的远程诊疗活动不再局限于远程会诊，仅从事对疑难病症的咨询，通过支持电子病历交换与共享、双向转诊、服务预约、网络门诊、工作任务管理、即时消息和视频会议等功能的先进软件支撑，平台上的医生（在职、退休）能及时获取各种分级诊疗服务请求，并通过多种一体化终端设备及时参与分级诊疗服务，从而实现形式多样的分级诊疗服务，提升区域联盟医院内医疗资源的利用率。

（3）形式多样化。突破单一的视频会诊服务形式，提供网络联合门诊、远程会诊、双向转诊、区域检验、区域放射、区域病理、区域超声等多种医疗及医技分级诊疗服务形式。建立在线教学、点播教学、进修培训等多种专科医师标准化培训机制，提升区域整体的医疗服务能力和技术水平。

（4）服务开放化。打破传统模式的星型远程医疗服务模式的封闭性和单向性，让区域联盟医疗机构既可以接受服务，也可以提供服务，在三级服务模式的原则下，区域联盟医疗机构可以开放双向选择服务内容和对象，鼓励有序竞争，促进区域分中心医疗联盟的发展。

（5）可管理化。按属地化管理的原则，让各级区域分中心规划和管理区域内的分级诊疗服务资源，实现服务准入管理、服务开展情况监管等行政管理功能（图 3.27）。

四川大学华西第二医院区域联盟医院平台采用“云计算”模式构建，平台软件提供区域患者主索引管理、电子病历管理、协同工作流管理、区域医联体医疗资源及服务管理、财务结算管理、视频会议等关键应用，支撑总体目标实现，如图 3.28 所示。通过 VPN 链路保证区域联盟医院数据传输安全。

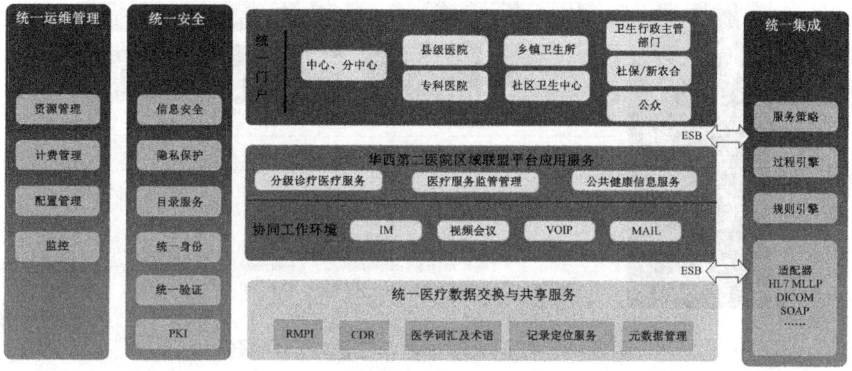

图 3.27 四川大学华西第二医院区域联盟体平台架构图

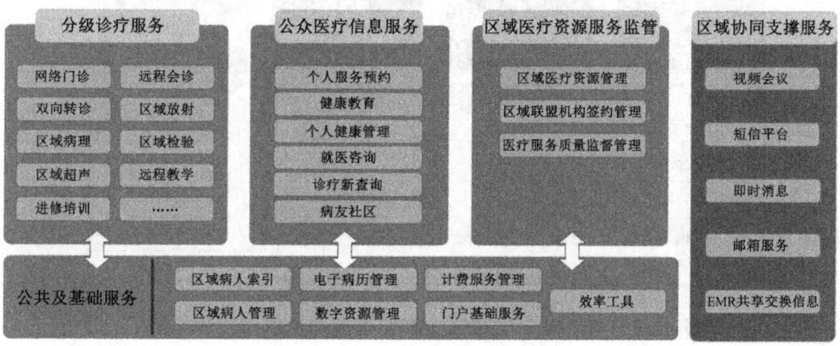

图 3.28 四川大学华西第二医院区域联盟体平台功能图

1．门户服务

统一门户服务为使用区域联盟医院平台软件的医生、护士、技师、财务人员、收费人员、业务管理员等提供统一的工作入口，包括单点登录、机构管理、签约管理、人员及服务注册管理、患者主索引等基础功能，如图 3.29 所示。

门户服务平台针对医生、护士、收费员、管理员、财务人员都设置了专用的工作空间，方便各角色人员了解相关工作信息及统计信息，如图 3.30 和图 3.31 所示。

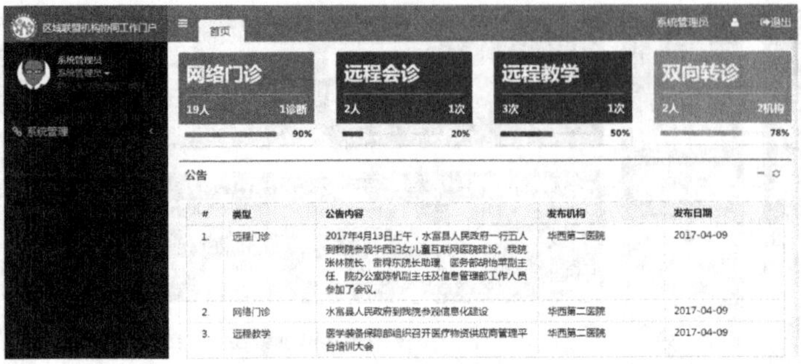

图 3.29　四川大学华西第二医院门户服务

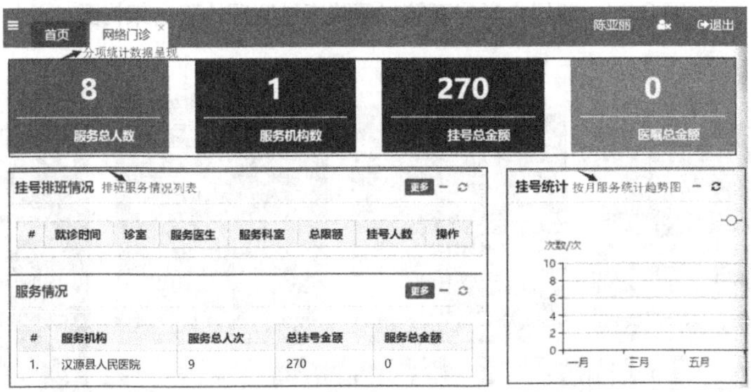

图 3.30　四川大学华西第二医院网络门诊医生工作空间

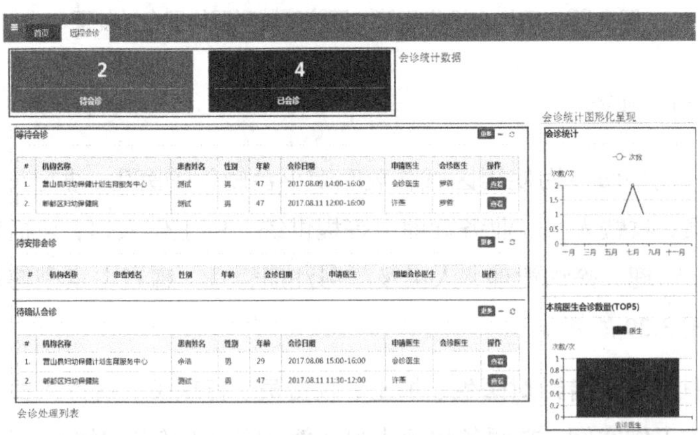

图 3.31　四川大学华西第二医院远程会诊管理员工作空间

2．网络门诊

网络门诊服务让患者在家门口就能享受四川大学华西第二医院专家门诊。四川大学华西第二医院定期安排专家在联盟医院内开展网络门诊，患者在当地联盟医院挂号，然后由联盟医院医生陪同患者一起通过网络门诊和四川大学华西第二医院专家进行问诊，同时连通四川大学华西第二医院院内药房和物流系统实现药品配送到家。包括门诊排程、预约挂号、注册办卡、护士分诊、医生门诊工作站、服务评价等功能，如图 3.32 和图 3.33 所示。

图 3.32　四川大学华西第二医院网络门诊（1）

图 3.33　四川大学华西第二医院网络门诊（2）

患者就诊流程如下：

（1）排班挂号。四川大学华西第二医院定期进行网络门诊专家排班，患者可通过华西第二医院微信公众号查看网络门诊的排班信息，并选择对应专家及就近联盟医院进行微信挂号、缴费，也可到就近联盟医院网络门诊挂号窗口进行挂号、缴费，如图 3.34 和图 3.35 所示。

图 3.34　四川大学华西第二医院网络门诊排班（1）

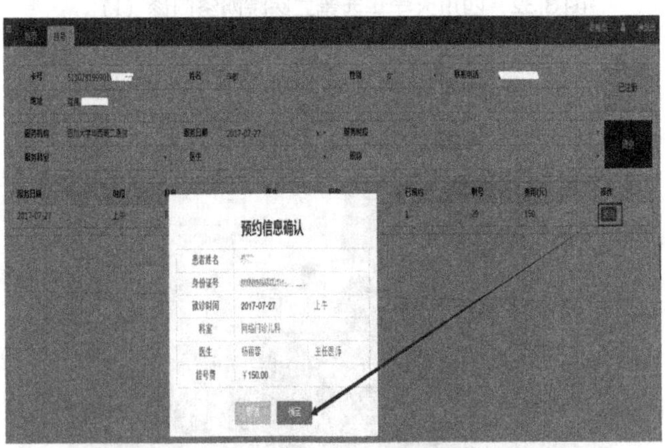

图 3.35　四川大学华西第二医院网络门诊排班（2）

（2）患者就诊。患者在联盟医院陪诊医生的陪同下，直接与华西第二医院网络门诊坐诊专家进行诊疗沟通，完成诊疗后，华西第二医院专家可直接在网络门诊平台书写患者病历，区域联盟医院终端将自动打印病历给患者，并且华西第二医院专家还可开具药品医嘱，随后药品医嘱将进入医院药房和物流系统，最后实现患者药品配送到家，如图 3.36 ~ 图 3.38 所示。

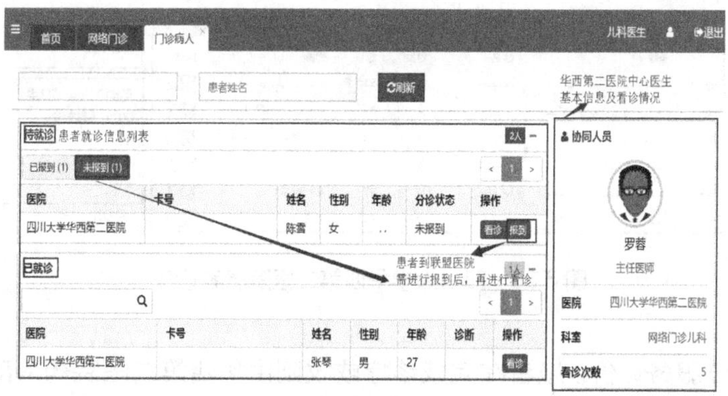

图 3.36　四川大学华西第二医院患者分诊(报到)

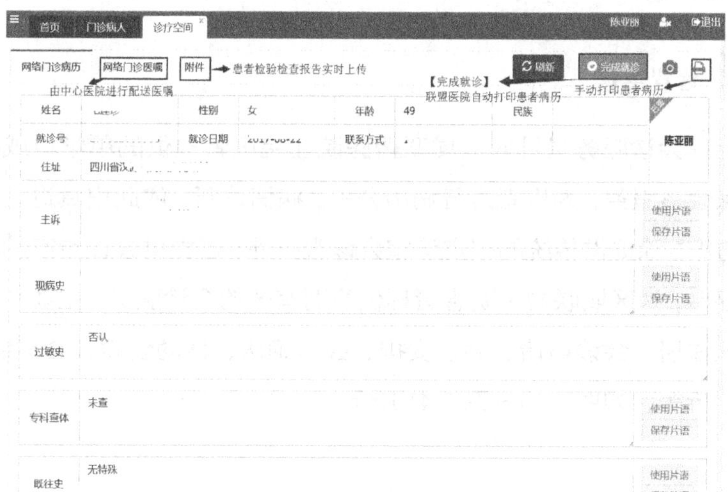

图 3.37　四川大学华西第二医院患者病历书写

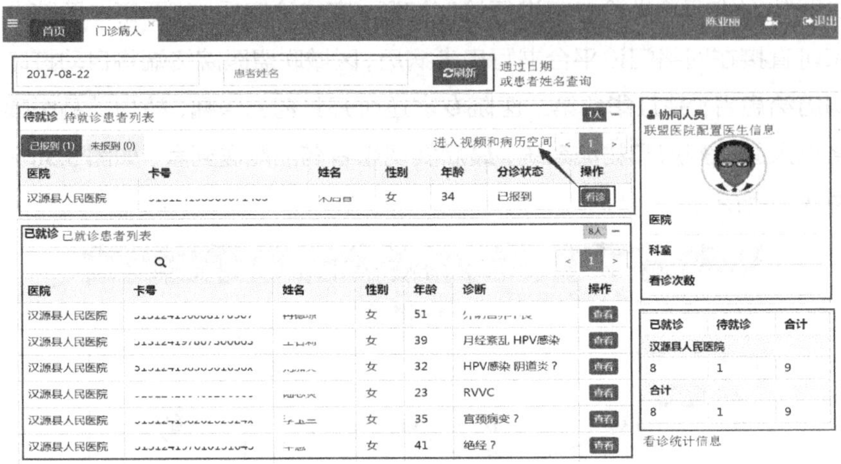

图 3.38　四川大学华西第二医院患者诊疗

（3）服务评价。患者在完成诊疗或收到由华西第二医院药房配送的药品后，可对本次网络门诊活动进行服务评价，从而可让专家持续改进服务能力与水平。

3．远程会诊

远程会诊服务是针对区域联盟医院住院患者提供的单学科或多学科专家会诊服务，为患者进行病历分析、病情诊断，依此出具进一步的治疗方案。除提供传统的固定诊室会诊服务外，还提供会诊专家的移动会诊平台，为区域联盟医院患者提供及时有效的会诊服务。主要功能包括病人注册、会诊申请、会诊安排、会诊确认、移动会诊、会诊结论、服务评价等，如图 3.39 ~ 图 3.41 所示。

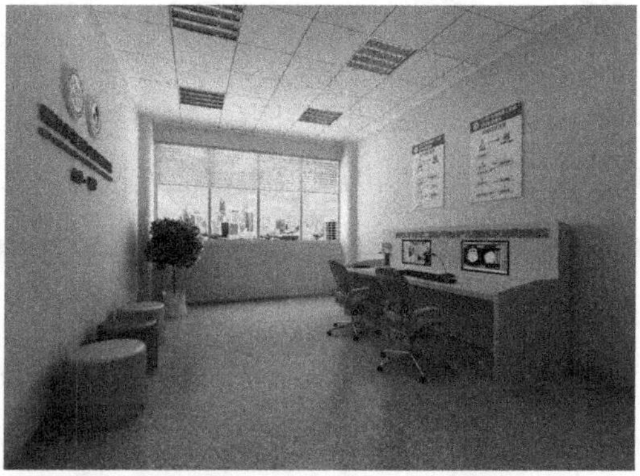

图 3.39 四川大学华西第二医院远程会诊（1）

图 3.40 四川大学华西第二医院远程会诊（2）

图 3.41 四川大学华西第二医院远程会诊（3）

远程会诊主要流程如下：

（1）会诊申请。下级区域联盟医院医生或会诊管理员进行住院病人的远程会诊申请，并上传病人病历、检验、检查报告，如图 3.42 所示。

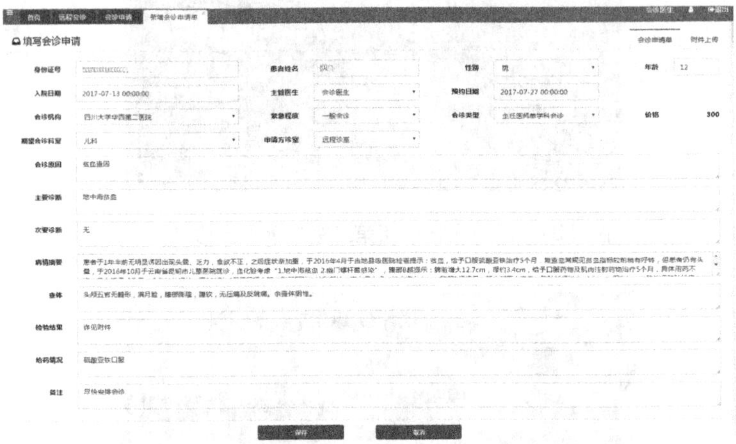

图 3.42　四川大学华西第二医院远程会诊申请

（2）会诊安排。上级医院会诊管理员根据各联盟医院会诊申请信息进行病情审核，针对符合会诊申请条件患者，进行会诊专家安排，如图 3.43 所示。

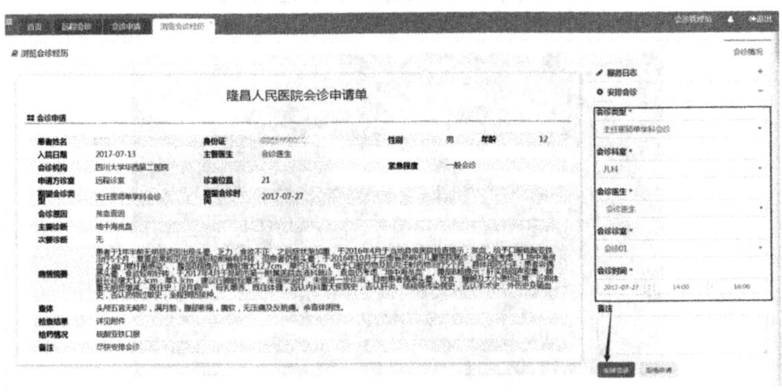

图 3.43　四川大学华西第二医院远程会诊安排

（3）会诊确认。下级医院会诊管理员对上级医院会诊安排的专家和时间进行会诊确认，并告知下级医院会诊申请医生，以便双方可准时进行会诊，如图 3.44 所示。

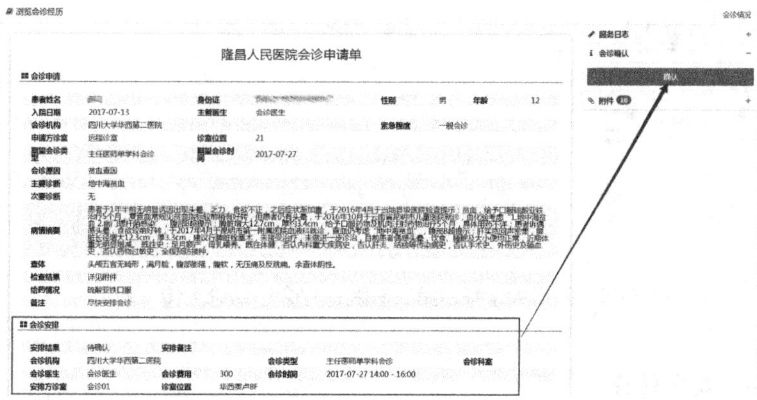

图 3.44　四川大学华西第二医院远程会诊确认

（4）完成会诊。华西第二医院专家在约定的时间进行远程会诊，通过会诊对患者情况、治疗经过及检验检查报告进行了解后，出具会诊意见，并将会诊意见通过附件上传到平台，供下级联盟医院医生进行进一步的患者治疗，如图 3.45 和图 3.46 所示。

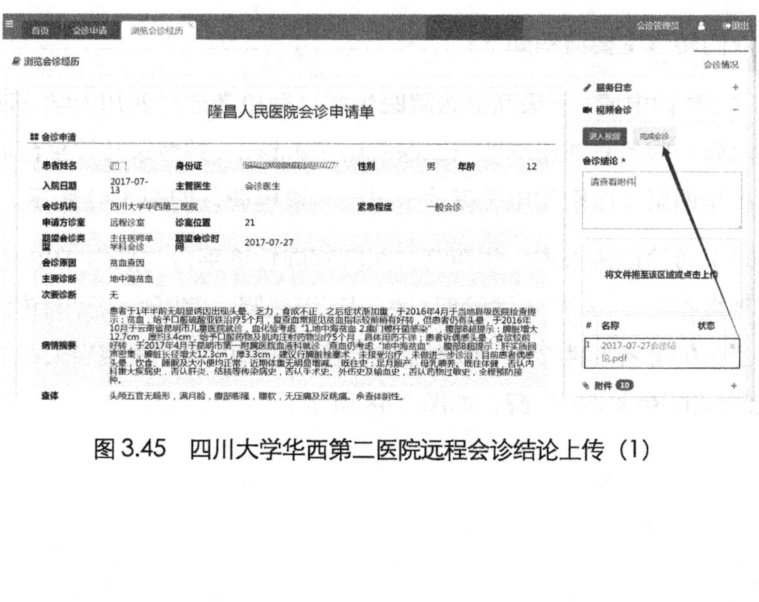

图 3.45　四川大学华西第二医院远程会诊结论上传（1）

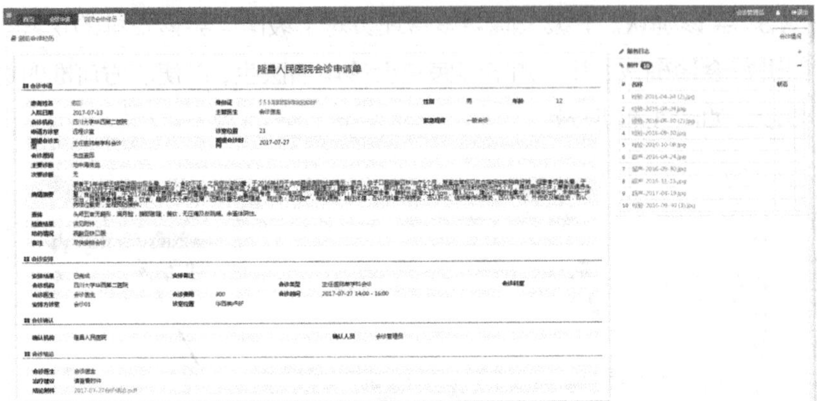

图 3.46　四川大学华西第二医院远程会诊结论上传（2）

4．双向转诊

双向转诊服务是以“首诊到基层，大病到医院，康复回基层”的政策和理念为导向，连通医院 HIS 系统，实现患者在区域联盟医院、区域分中心与区域中心之间的患者转诊服务，当患者经过区域中心医院的专家治疗，但不具备出院条件，可进行回转，患者将回到区域联盟医院进行康复治疗。主要功能包括患者注册、转诊申请、转诊安排、患者入院、患者回转、服务评价等。

双向转诊主要流程如下：

（1）转诊申请：下级联盟医院医生需协助患者通过四川大学华西第二医院微信服务号注册华西第二医院电子就诊卡，并登录转诊平台填入患者在华西第二医院的电子就诊卡进行转诊申请，如图 3.47 所示。

（2）转诊排班查询。华西第二医院双向转诊平台与院内 HIS 系统已实现数据互通。双向转诊管理员根据下级联盟医院医生填写的转诊申请及上传的患者附件查看，审核通过，则查询华西第二医院当天或未来一段时间的转诊排班情况，如图 3.48 所示。

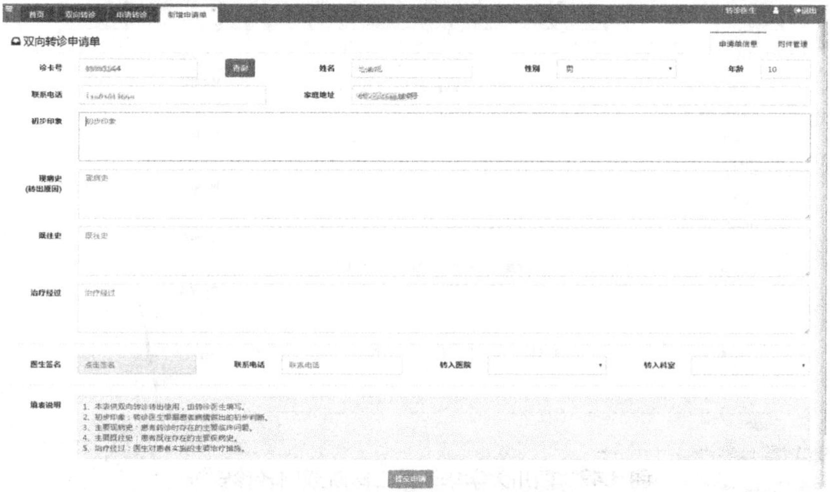

图 3.47　四川大学华西第二医院转诊申请

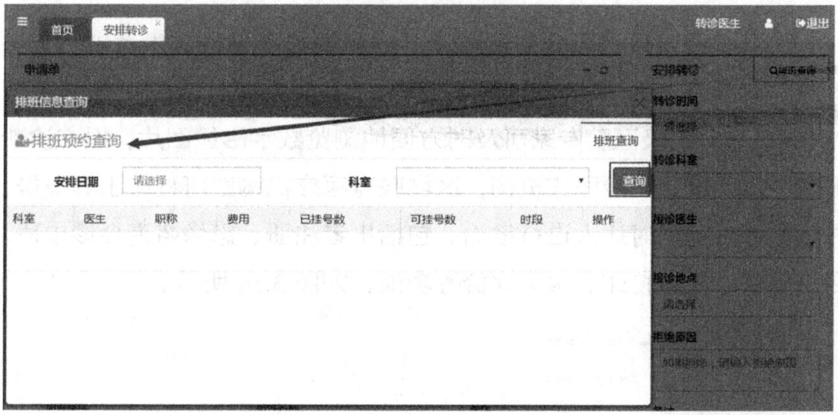

图 3.48　四川大学华西第二医院双向转诊排班查询

（3）转诊安排。华西第二医院双向转诊管理员选择为区域联盟医院患者预约双向转诊后，并同意转诊，患者将会收到由华西第二医院微信服务号推送的预约成功通知，以及就诊前的导诊信息，如图 3.49 所示。

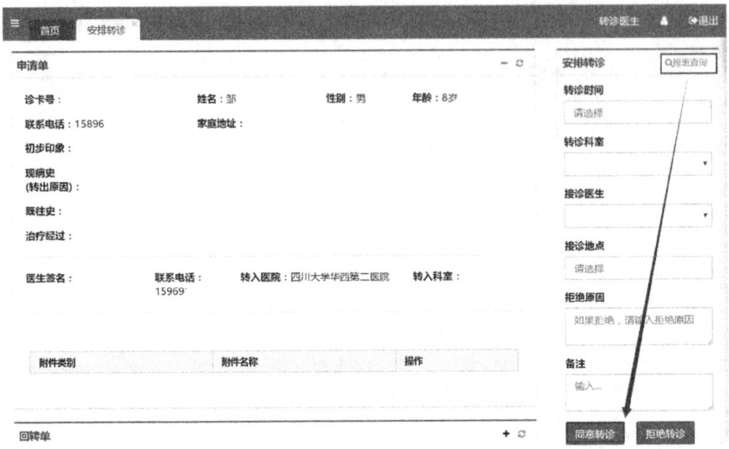

图 3.49　四川大学华西第二医院双向转诊安排

5．区域放射

区域放射服务为区域联盟医疗机构利用自有设备对患者进行影像检查，上传患者的检查图像并提交影像会诊申请需求至平台和院内 PACS 系统，上级医院专家可及时方便地浏览数字影像图片，提交诊断报告并传回区域联盟医疗机构，区域联盟医疗机构即可打印出具报告，并根据诊断结果对病人进行诊治。包括患者注册、影像咨询会诊申请、专家建议、报告打印、服务评价等功能，如图 3.50 所示。

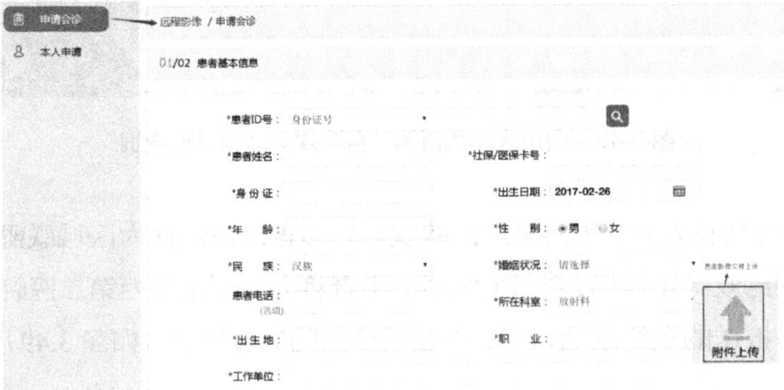

图 3.50　四川大学华西第二医院区域放射

6．区域病理

区域病理服务主要为了对患者病情做出快速、准确的诊断，避免误诊误治，通过计算机、网络等技术让偏远地区患者也能享受华西第二医院病理专家的指导与治疗。首先患者需到就近的区域联盟医院进行区域病理检查，或下级联盟医院医生针对本院住院患者的病理诊断不能确诊，由上级联盟医院医生登录平台进行区域病理诊断申请，在提交申请时需将患者的病理切片通过网络平台上传到区域中心平台，由华西第二医院病理专家进行切片诊断，并出具诊断意见。或者通过远程病理系统，下级医院的医生将病理切片放置到数字显微镜上，上级医院的医生可远程操控数字显微镜，就像实地在现场读片一样快速做出诊断，以便指导区域联盟医院医生对患者进行恰当的治疗，如图 3.51 和图 3.52 所示。

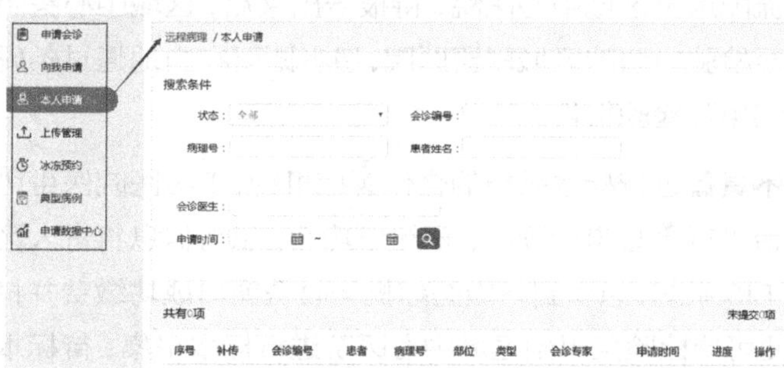

图 3.51　四川大学华西第二医院区域病理（1）

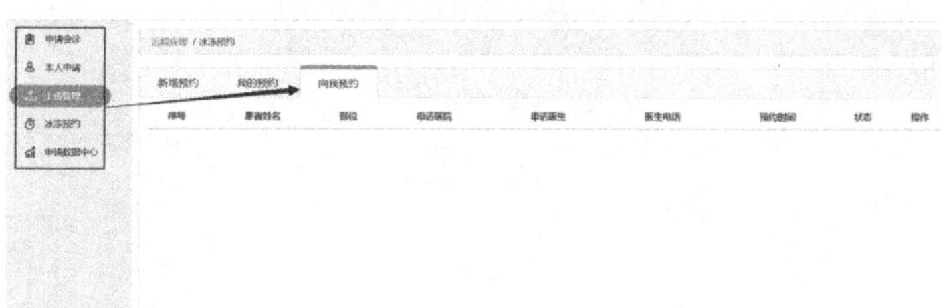

图 3.52　四川大学华西第二医院区域病理（2）

7. 区域检验

区域检验服务主要针对区域联盟医院或参与合作的乡镇卫生院、社区卫生服务中心等医疗机构的设备不全或不具备相关检验资质，为方便患者获得更准确的治疗和更优质的服务，将采集的检验标本通过区域检验平台合作物流服务商配送到区域中心医院进行标本检验，并在当地医院即可获取检验报告。

主要功能包括患者注册、检验申请、标本采集、标本配送、检验报告打印、服务评价等。患者到当地的区域联盟医院或其他参与合作的医疗机构进行检验申请，由当地医院医生登录区域检验平台，开具患者的检验申请，患者到当地医院收费窗口缴费后，再到标本采集窗口进行标本采集并在区域检验系统中生成对应的条码，随后贴上条形码的标本通过专用物流配送至区域中心医院，待报告出来后，区域中心医院将检验结果回传至检验申请的区域联盟医院，患者即可在当地通过条码查看自己的检验结果及检验报告。

针对不具备进行标本采集的合作医疗机构，下级医院医生可登录区域检验平台进行检验申请预约，预约成功后，患者信息将进入区域中心医院院内 LIS 系统，患者到下级医疗机构收费窗口成功缴费并打印检验条码后，便可持检验条码到区域中心医院进行标本采集，待标本采集完成后，可回到当地查看检验结果和检验报告，如图 3.53 所示。

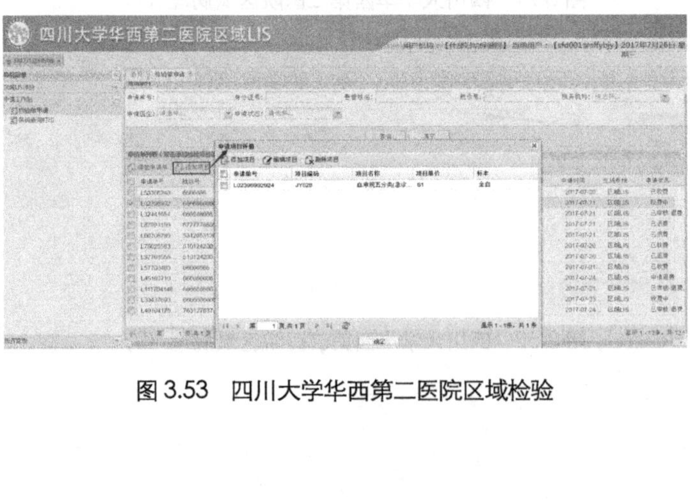

图 3.53　四川大学华西第二医院区域检验

8．区域超声

区域超声服务主要通过图像实时传播，让患者在当地区域联盟医院就可享受华西第二医院专家的超声检查。华西第二医院通过超声专家的定期排班，下级联盟医院可提前为患者进行超声检查预约，患者缴费后，按预约时间前往下级联盟医院区域超声检查室，在下级联盟医院超声医生的陪同下，通过网络技术、计算机技术、多媒体技术将超声影像及下级医院超声工作人员的实际操作实时传输到华西第二医院区域超声诊断室，华西第二医院超声专家会实时指导下级医院超声工作人员的操作，并针对患者出具检查咨询及意见。主要功能包括患者注册、检查申请、专家建议、报告打印、服务评价等，如图 3.54 和图 3.55 所示。

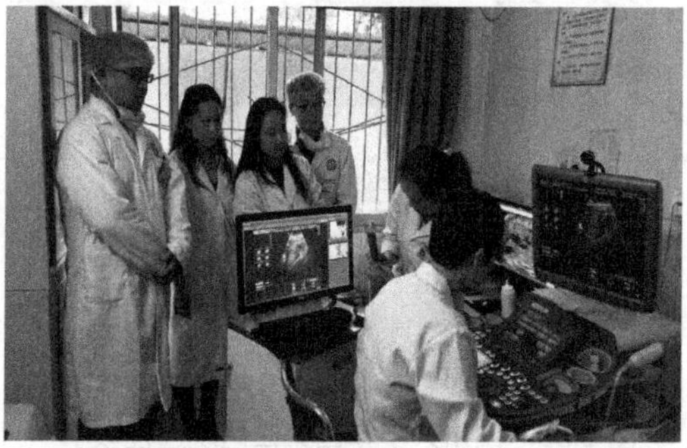

图 3.54 四川大学华西第二医院区域超声——下级医院医生工作情况

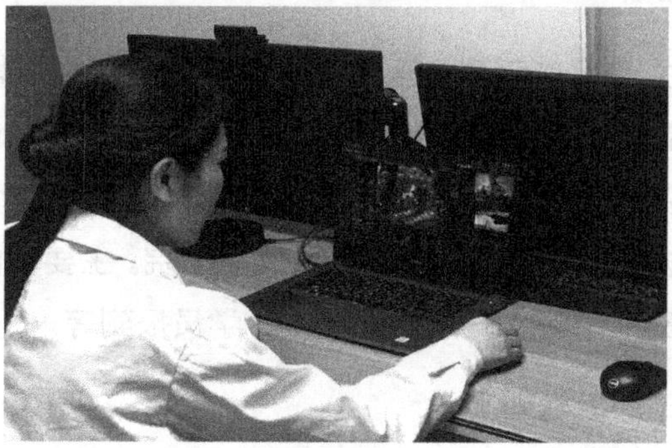

图 3.55 四川大学华西第二医院区域超声——上级医院医生工作情况

9．远程教学

远程教学服务为区域联盟医疗机构的在岗医生提供在线教学、点播教学等多种形式的专业能力持续提升帮扶服务。包括课程管理、课件管理、讲师管理、在线教学、点播空间、服务评价等功能，如图 3.56 所示。

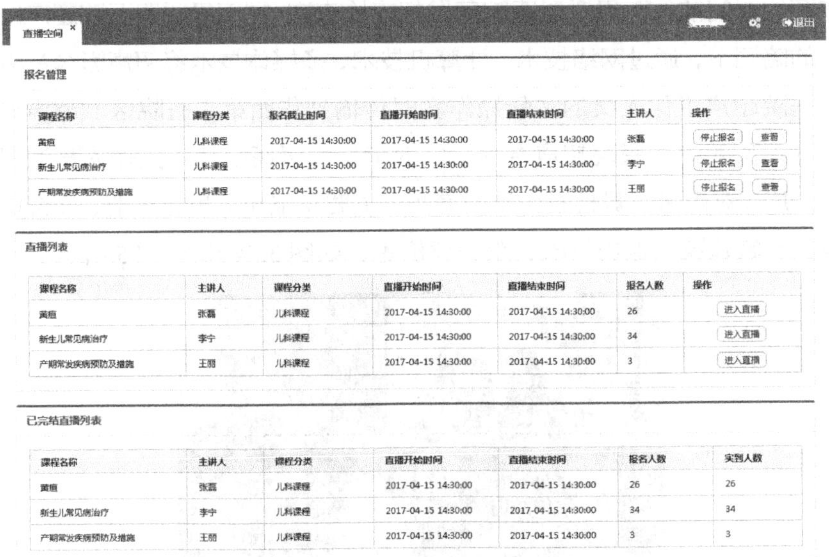

直播空间 ×　　退出

报名管理

课程名称	课程分类	报名截止时间	直播开始时间	直播结束时间	主讲人	操作
黄疸	儿科课程	2017-04-15 14:30:00	2017-04-15 14:30:00	2017-04-15 14:30:00	张磊	停止报名　查看
新生儿常见病治疗	儿科课程	2017-04-15 14:30:00	2017-04-15 14:30:00	2017-04-15 14:30:00	李宁	停止报名　查看
产期常发疾病预防及措施	儿科课程	2017-04-15 14:30:00	2017-04-15 14:30:00	2017-04-15 14:30:00	王丽	停止报名　查看

直播列表

课程名称	主讲人	课程分类	直播开始时间	直播结束时间	报名人数	操作
黄疸	张磊	儿科课程	2017-04-15 14:30:00	2017-04-15 14:30:00	26	进入直播
新生儿常见病治疗	李宁	儿科课程	2017-04-15 14:30:00	2017-04-15 14:30:00	34	进入直播
产期常发疾病预防及措施	王丽	儿科课程	2017-04-15 14:30:00	2017-04-15 14:30:00	3	进入直播

已完结直播列表

课程名称	主讲人	课程分类	直播开始时间	直播结束时间	报名人数	实到人数
黄疸	张磊	儿科课程	2017-04-15 14:30:00	2017-04-15 14:30:00	26	26
新生儿常见病治疗	李宁	儿科课程	2017-04-15 14:30:00	2017-04-15 14:30:00	34	34
产期常发疾病预防及措施	王丽	儿科课程	2017-04-15 14:30:00	2017-04-15 14:30:00	3	3

图 3.56　四川大学华西第二医院远程教学

10．进修培训

进修培训主要为华西第二医院旨在帮扶下级区域联盟医院的临床科室、医技科室、信息技术等人员进行业务知识或技能的提升，也对下级区域联盟医院的中层干部等管理人员进行培训，以便将华西第二医院的先进管理理念推广、应用于更多区域联盟医院。主要功能包括进修培训申请、学员资格审核、进修培训安排、学员报到等。

进修培训主要流程如下：

（1）报名申请。由各下级联盟医院系统管理员组织进修培训组长进行名单填报，并根据要求将申请人员资质附件上传至平台，如图 3.57 和图 3.58 所示。

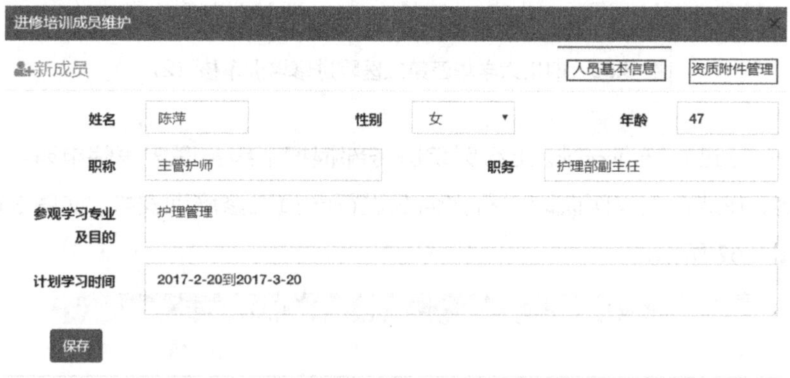

图 3.57　四川大学华西第二医院进修培训申请(1)

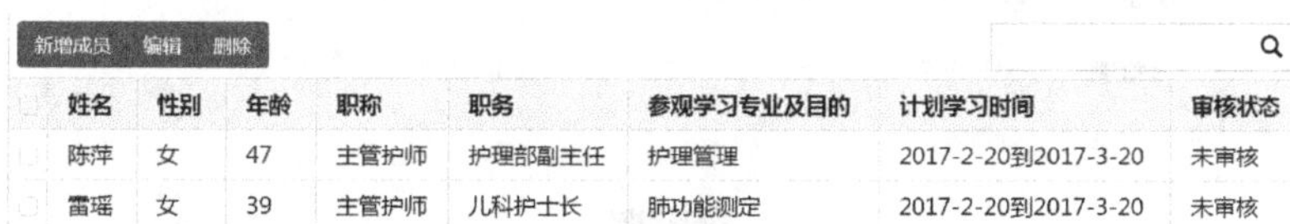

图 3.58　四川大学华西第二医院进修培训申请(2)

（2）进修名单审核。华西第二医院医务部相关人员对各联盟医院进修培训申请单中人员资质逐一审核，申请信息不详或资质不全者，将执行审核不通过，并由下级联盟医院申请组长进行信息或资质附件补全，再提交审核,如图 3.59 和图 3.60 所示。

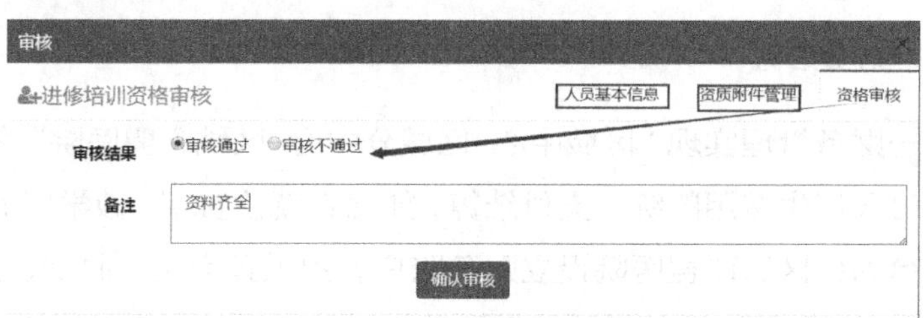

图 3.59　四川大学华西第二医院进修培训审核（1）

审核

姓名	性别	年龄	职称	职务	参观学习专业及目的	计划学习时间	审核状态	审核备注
陈萍	女	47	主管护师	护理部副主任	护理管理	2017-2-20到2017-3-20	已审核	资料齐全
雷瑶	女	39	主管护师	儿科护士长	肺功能测定	2017-2-20到2017-3-20	已审核	

图 3.60　四川大学华西第二医院进修培训审核（2）

（3）进修培训安排。上级医院医务部根据下级各联盟医院申请学习内容，并结合上级医院院内科室情况进行学员进修培训安排，如图 3.61 和图 3.62 所示。

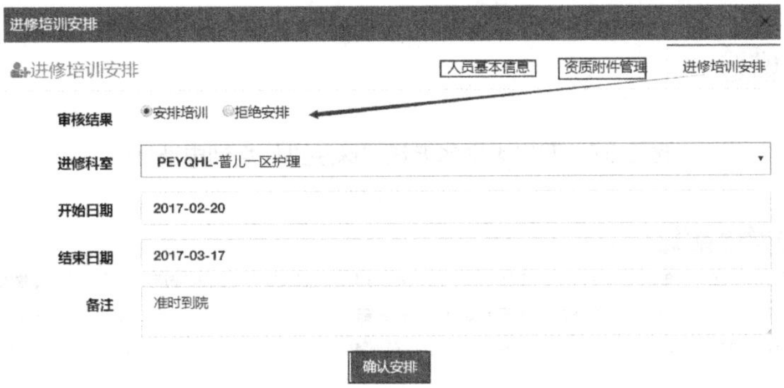

图 3.61　四川大学华西第二医院进修培训安排（1）

安排

姓名	性别	年龄	职称	职务	参观学习专业及目的	计划学习时间	进修科室	开始时间	结束时间	安排状态	安排备注
陈萍	女	47	主管护师	护理部副主任	护理管理	2017-2-20到2017-3-20	PEYQHL-普儿一区护理	2017-02-20	2017-03-17	已安排	准时到院
雷瑶	女	39	主管护师	儿科护士长	肺功能测定	2017-2-20到2017-3-20	PEEQHL-普儿二区护理	2017-02-20	2017-03-17	已安排	

图 3.62　四川大学华西第二医院进修培训安排（2）

11．财务管理

统一财务管理实现“区域中心-区域分中心-区域联盟医院”之间进行业务协同产生费用的统一支付结算，如患者就诊费用、教学培训费用等。平台为各区域联盟医院设立财务账户，提供预交金、收费、退费、自动扣费、日结算、月结算、工作报表分级审核、发票管理等功能，如图 3.63 和图 3.64 所示。

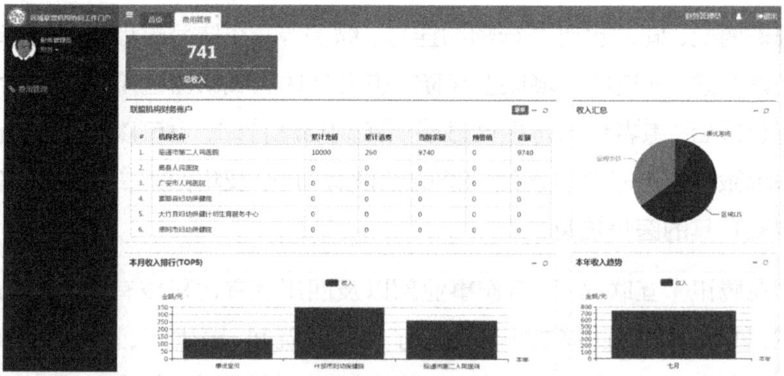

图 3.63　四川大学华西第二医院财务管理

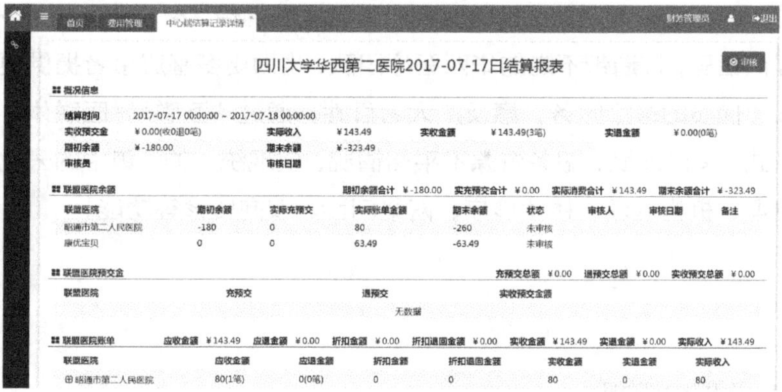

图 3.64　四川大学华西第二医院财务日报

12. 基于微信实现平台多系统间患者信息共享

四川大学华西第二医院区域联盟医院间业务高度协同，患者就医流程覆盖整个联盟医院内，患者信息身份识别在多个系统间的协同异常重要。基于微信链接功能的特性，并在此基础上构建患者电子就诊卡的功能，让患者可远程办理就诊卡，并实现了在联盟医院各业务系统间的各业务流程的高度衔接，达到了便捷高效的掌上就医体验，包括转诊、检查检验预约、药品配送等。

患者可通过微信服务号了解华西第二医院区域联盟医院网络门诊

的排班情况，同时也可进行预约挂号、缴费等。在挂号过程中可选择网络门诊专家、就近的区域联盟医院。患者到达区域联盟医院网络门诊室进行看诊后，患者病历可在区域联盟医院自动打印，也可以通过华西第二医院微信服务号查看网络门诊的就诊病历，以及华西第二医院网络门诊专家开具的医嘱信息。

在腾讯"互联网+"合作事业部以及四川互宜达科技有限公司的帮助下，四川大学华西第二医院进行了围绕医院间、医生间、医技人员间、医患间很多有益的探索。例如，网络门诊、远程会诊、远程教学、区域医技中心等。未来四川大学华西第二医院计划将建立成员达到100家左右的华西妇幼区域联盟医院，实现对基层医院的传、帮、带，为更多医生提供指导，打造带不走的华西医疗团队，也为更多基层患者提供更加有效、优质的医疗服务，惠及广大老百姓。通过"互联网+医联体"这种形式，消除地域、服务资源不平衡情况，实现统一的、集中的云化患者管理、机构管理、移动诊疗、网络门诊、双向转诊等功能。

3.2.3 医院内部管理

当前，多数医院内部办公还处于传统纸质阶段。部分医院已上线基于PC端的办公自动化系统，但是院领导及中层干部平时操作电脑的时间比较少，所以效率比较低。医院内部管理中报告流程、收发文、设备申购等都是比较高频事项，为了解决医院内部管理中效率低下、浪费耗材这一痛点问题，四川大学华西第二医院积极利用移动互联网创新移动办公、医护、医患交流平台，基于微信企业号进行了办公全流程改造，搭建了医护、医患交流桥梁，最终形成了具有综合性功能的产品——"医互通"，意味着医生、护士、医院内部可以通过此信息系统互通有无。由于此系统运行于手机端，使用起来极其方便，极大地提高了医院内部办公效率，改善了患者的就医体验，增强了医生、医护之间的沟通交流，“医互通”功能大致可分为以下三个方面：

1. 移动办公平台

移动办公平台包含办公自动化流程，如公文收发、设备物资申购、耗材/仓库管理、文件存储等常规自动化功能；内部沟通交流；后勤管理功能如订餐、会议室管理、车辆管理、工资条、值班管理等；医院运营管理如运营日报、危重病监控等。此系统同时具有微信与电脑端，日常事务性的工作在手机端完成，系统后台管理性事务在电脑端完成。

（1）公文收发。全院上下的公文流转，不管是内部发文申请、来文处理，或是内部报告，都可以通过“医互通”来统一管理，无需纸质打印，永久保存。流程发起者可随时查询此次事项的处理进度，对于不同类型的审批环节，系统支持自定义的处理流程，对于需要纸质保存的文档同时支持一键打印，如图 3.65 所示。

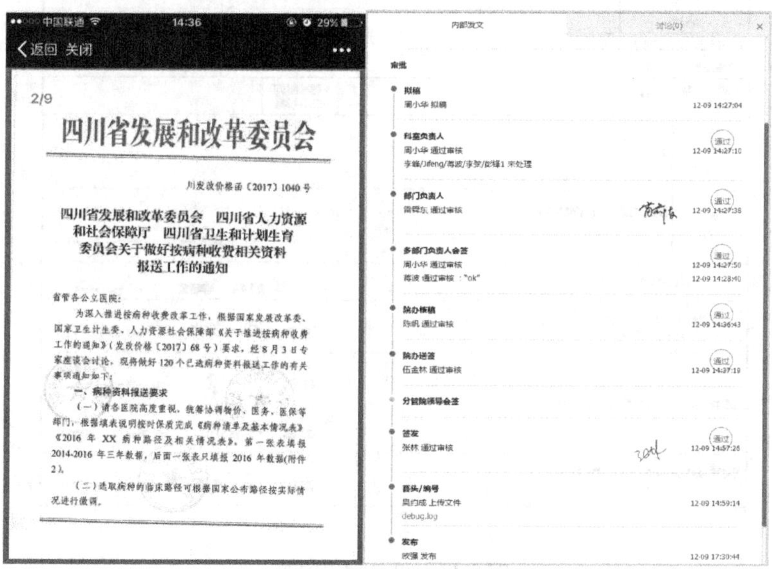

图 3.65 公文收发

（2）设备物资申购。对于物资的申购，在医院内部往往需要许多流程环节的审批，由于涉及环节与人员较多，一个报告审批下来经常要花很长的时间，传统的办公流程与方式极大地降低了医院运行效率。此系统可全自定义设备物资申购单，包括医疗设备物资、非医疗设备物资及大额设备物资申购。对不同科室、不同设备类别及价格的申购可设置不同的审批流程，支持价格自动计算。同时采购流程及采购状态可随时跟踪查询，实现了流程清晰，进度明了。上一审批人审批完毕后秒级传递到下一审批人，若审批人对此报告有异议，可将报告退回，若一直不审批，系统每天早上 8 点会定时提醒，直至处理为止。此种方式极大地提高了医院的行政运行效率，如图 3.66 所示。

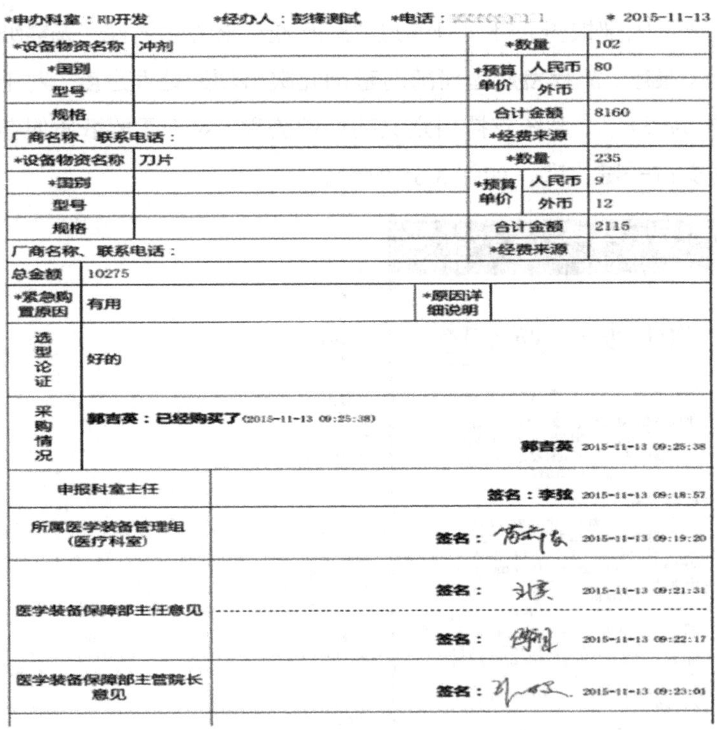
*申办科室：RD开发　*经办人：彭锋测试　*电话：[illegible]　* 2015-11-13

*设备物资名称	冲剂	*数量		102
*国别		*预算单价	人民币	80
型号			外币	
规格		合计金额		8160
厂商名称、联系电话：		*经费来源		
*设备物资名称	刀片	*数量		235
*国别		*预算单价	人民币	9
型号			外币	12
规格		合计金额		2115
厂商名称、联系电话：		*经费来源		
总金额	10275			
*紧急购置原因	有用	*原因详细说明		
选型论证	好的			
采购情况	郭吉英：已经购买了(2015-11-13 09:25:38) 郭吉英 2015-11-13 09:25:38			
申报科室主任	签名：李弦 2015-11-13 09:18:57			
所属医学装备管理组（医疗科室）	签名： 2015-11-13 09:19:20			
医学装备保障部主任意见	签名： 2015-11-13 09:21:31 签名： 2015-11-13 09:22:17			
医学装备保障部主管院长意见	签名： 2015-11-13 09:23:01			

图 3.66　设备物资申购

（3）公告。以往医院需要发送消息到人员与部门主要通过纸张或者群发短信等方式实现，此种方式效率低，同时传递信息的方式是单向无反馈，为了解决这一问题，通过此系统平台指定公告接收部门、接受人，发起权限控制，公告支持富文本编辑，手机接收公告通知，通知发送人可查看已读／未读的人员统计，对于未读人员可电话告知及时阅读通知，从而确保信息传达的及时及准确性，如图 3.67 所示。

图 3.67　公告

（4）后勤管理（车辆/订餐/会议室）。

车辆管理。对医院来说，急救用车、行政用车频率都比较高，利用信息化支撑高效协同的车辆调度及使用分配异常重要，在此系统中支持用车申请审批、微信通知司机、车辆信息管理、维护保养信息管理、用车情况自动统计功能，如图 3.68 所示。

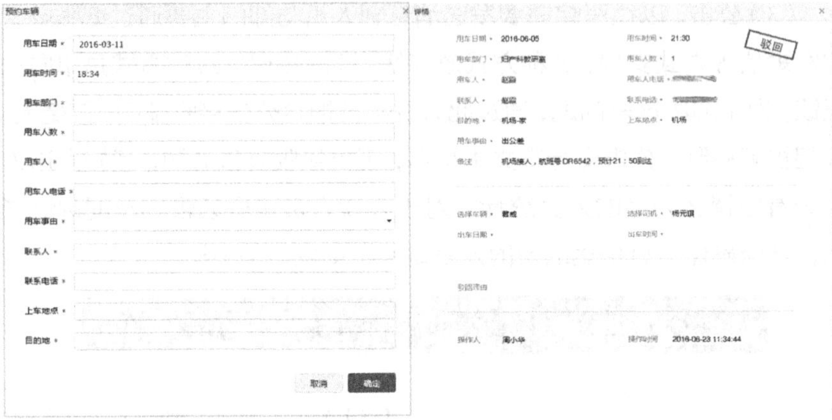

图 3.68　车辆管理

订餐。民以食为天，良好的后勤保障可提高员工的工作效率，以往许多医护人员不能按时上下班，经常打电话到食堂订餐，食堂工作人员手工登记各科室订餐情况，效率低，遗忘及配送错误情况时有发生。通过微信手机端订餐，医护人员可提前知道食堂当天供应菜品及价格，后台工作人员也可精准统计当天订单情况，系统后台可进行菜品管理、备菜管理、订单管理、配送状态跟踪，如图 3.69 所示。

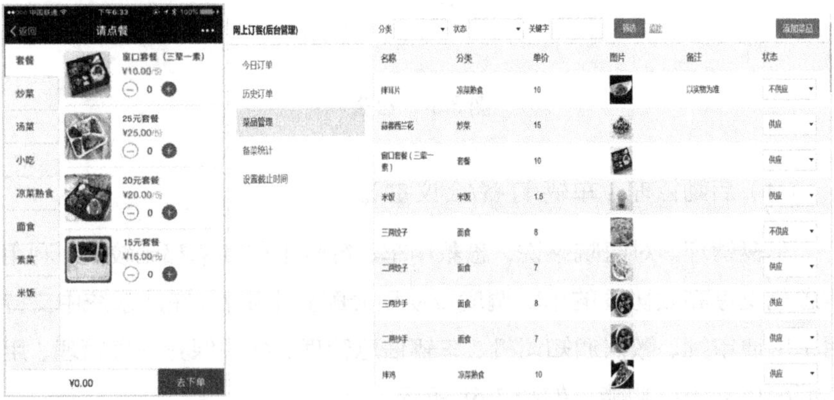

图 3.69　订餐

会议管理。医院各种学术会议、各部门间会议、培训等较多，会议室管控不善，容易造成会议室使用冲突，利用信息系统，会议室申请者可在手机端发起申请进行会议室预定，会议室管理人员审核确定。同时具有参会人员的确定参会回执、指派他人参会、会议签到、参会情况统计等功能，如图 3.70 所示。

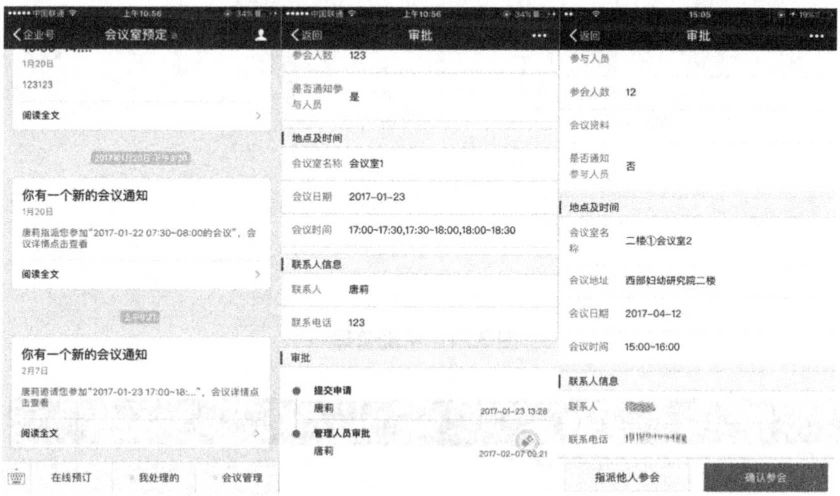

图 3.70 会议管理

（5）考勤管理。加强考勤管理，严肃工作纪律，对提升医院整体风貌有积极的意义。传统的方式是各部门使用考勤机，在移动互联网时代，此功能完全可移植到手机上来实现，采用 GPS 定位来实现打卡，允许设定考勤地点和范围，并能按日期提供汇总报表，如图 3.71 所示。

（6）请假申请。为了加强各部门请假事项的管理与统计，在系统中可按科室自定义审批流程和审批人，多种自定义请假类型。查看自己请假记录，处理需审批请假申请，查看已处理记录，并能快速统计各员工休假情况，如图 3.72 所示。

图 3.71　考勤管理

图 3.72　请假申请

（7）内部消息。医院临时任务较多，随时可能接到上级主管部门布置的任务及检查，在此种情况下，利用“医互通”可实现把各部门相关参与人员在无需加为好友的情况下拉入临时组建的工作群，支持附件发送，工作事务可及时在工作群里沟通协调。

（8）工资条。员工随时关注自己的福利待遇情况，同时单位员工福利相互间具有一定的保密性，以往多数医院都是财务部门将每人的工资条打印成小纸条一对一发放给每一个员工，这种方式工作量大，保密性也较差。为了解决这一问题，系统中财务人员上传工资条后，微信会及时通知员工，查看自己的工资条，各种费用情况一目了然，如图 3.73 所示。

图 3.73　工资条

（9）值班。在医院，临床一线工作人员值班是常态，为了精准管理值班并防止遗忘值班的情况，在信息系统中通过设置默认班次及人员值班顺序实现自动排班，并支持手动修改；值班人员提前值班提醒实时发到相关人员手机上，如图 3.74 所示。

图 3.74 值班排班

（10）投票调查。为了充分发扬民主管理及提升员工的参与意识，对意见收集及需要投票表决的问题通过信息系统在手机端来实现，系统中可自定义配置多问题的投票表单，限定投票范围，记名／不记名控制，发起人可查看投票进度及结果统计，如图 3.75 所示。

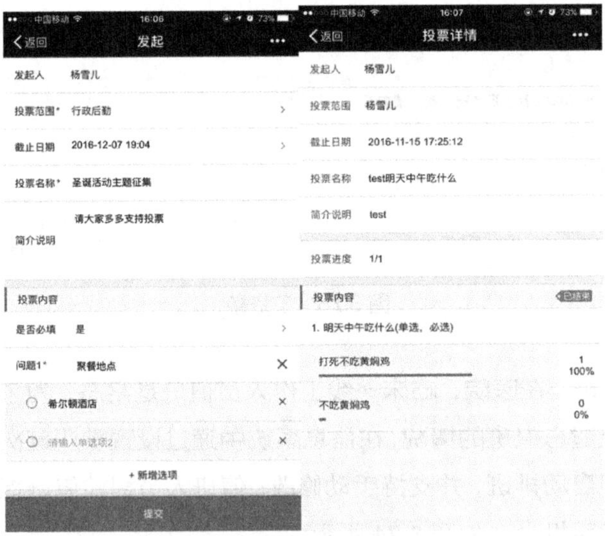

图 3.75 投票调查

（11）运营日报。医院领导及相关部门主任希望从一定层面了解本院或本科室运营情况，从而便于针对存在的问题采取一定的措施加以防范。在微信端，根据相关的人员权限可分别了解医院日常运营数据，如门诊就诊人次、门诊收入、住院人次、住院收入、空床数量、床位周转数、危重病人监控等数据，做到足不出户即可了解全院及本科室实际运行状况，如图 3.76 所示。

图 3.76 运营日报

（12）组织架构管理/通讯录。随着医院员工数的增加，员工之间交流联系的难度也加大，如何快速找到相关部门的人及其联系方式十分重要，在此种情况下，在“医互通”里边提供单位通讯录功能，可配置员工权限，员工按权限查看全院或部分科室的联系人，可直接发起微信消息或直接拨打电话，如图 3.77 所示。

图 3.77　组织架构管理/通讯录

2. 医患桥梁

传统的就医环节中，患者与医生间的关系是瞬时的、陌生人关系，这样不利于医生个人治疗方案及效果的反馈，为了实现将医患间的这种关系转变为持续的熟人关系，打通服务号与企业号的连接，构建了诸如患者随访、在线咨询、家庭医生等功能。

（1）在线问诊。患者在华西第二医院微信服务号点击“在线问诊”，通过医生介绍找到专业与自己疾病相符合的医生即可发起在线问诊，支付完费用后将患者症状及报告发送给医生，医生将会在基于企业号的“医互通”中及时收到在线问诊的提示，如图 3.78 所示。

图 3.78　医生收到在线问诊提示

如果发现该问题不是该医生的专业范围内的问题，可以点击“无效咨询”，填写完成原因，将自动退款给患者，如图 3.79 所示。

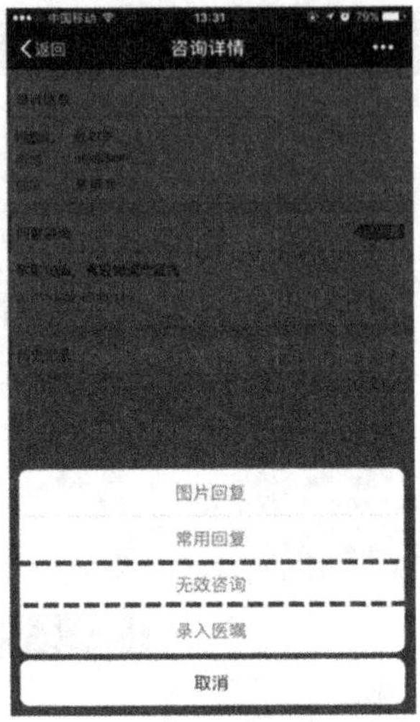

图 3.79　无效咨询

医生可以通过提前维护好的“常用回”复来回复咨询问题，如图 3.80 所示。

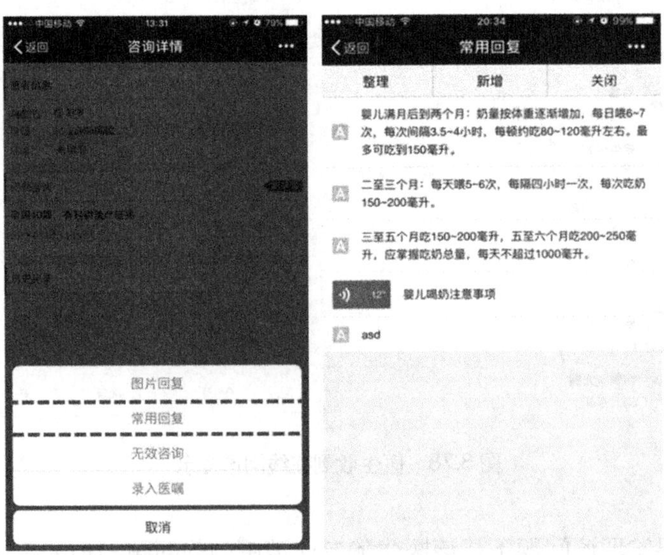

图 3.80　常用回复

医生也可以直接用语音来回复患者，如图 3.81 所示。

图 3.81 语音回复

医生可以通过微信端直接给患者开医嘱，如图 3.82 所示。

图 3.82 开医嘱

医生开好医嘱之后，若患者已绑卡，医生可以将医嘱发送给患者，患者能直接查看并支付医嘱，如图 3.83 所示。

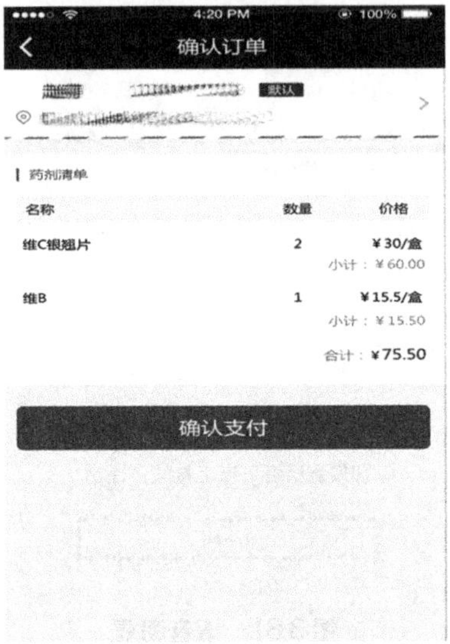

图 3.83　发送医嘱

（2）随访管理。医生为了及时收到处治后患者愈后反馈情况及深入开展科研工作，对广大患者进行随访非常重要。此系统可根据不同科室配置不同的随访表单和随访流程，用户信息可从 HIS 系统拉取，也可手动添加。医生在系统中将有研究意义的患者加入随访队列，可自定义随访规则，设定随访时间。系统会根据设定的任务推送随访信息表单到患者服务号，患者填写完随访信息后提交，医生可在随访后台查看患者康复情况，且支持由护士手动补录相关信息。最后根据系统中的数据形成统计分析数据图表，也可用统计分析软件对所采集到的数据进行统计分析，如图 3.84 所示。

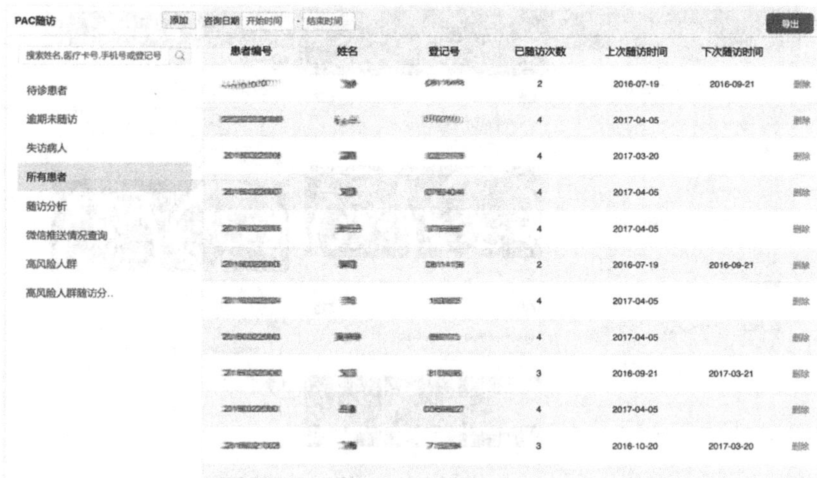

图 3.84　随访管理

3. 医护学术交流圈

医护人员同行间的学术交流可极大地提高个人技术水平，也能很好地营造学习型组织，对于提升整个行业的能力水平意义重大。通过构建病例研究圈搭建基于微信跨医院的知识共享平台，使不同医院同一领域的专家可以共同研究和探讨病历，帮助医生提高专业知识。同时，医生也可以将视频课件及文章拿出来与大家分享，如图 3.85 所示。

目前全院 2000 多名职工都在使用基于微信企业号的“医互通”进行移动办公。通过“医互通”，全院教职员工方便快捷地共享信息，高效地协同工作，显著改变了过去复杂、低效的手工办公模式，实现高效迅捷、全方位可视化流程管理，医院内部沟通成本显著降低、办公效率大幅提升，搭建起了医患间交流的桥梁，和谐了医患关系，医生学术交流圈极大地提升了基层医院医生的技术水平。

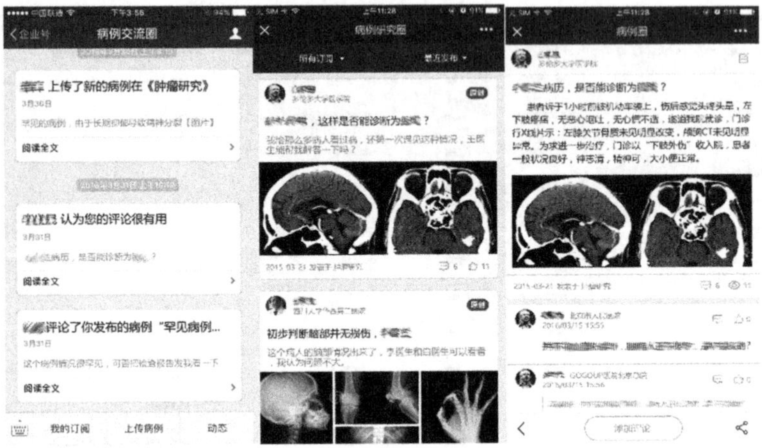

图 3.85　病例研究圈

3.2.4　深化“互联网+医疗”应用创新

四川大学华西第二医院利用移动互联网技术，针对患者充分改善就医体验，实现了以往被动式接受服务到主动式参与的转变，就医过程中“三长一短”现象明显改善；针对医护人员间交流、医院内部管理构建了高效、便捷的互动平台；针对医院间协作建立了紧密互动的纽带；搭建了医患互动的桥梁。除了针对传统医疗业务及管理流程的创新，已经及即将继续拓展以下服务：进行互联网医疗诊断服务；“微信智慧医院”平台（基于微信服务号、企业号、小程序的智慧医院方案）的建设、运营；基于医疗健康大数据分析、人工智能、深度学习技术研发的智能医生系统；基于微信的医院智慧停车服务、微利贷的医疗金融分期服务、在线医保与商业健康保险服务、诊疗报告快递服务、就医陪诊服务；基于微信卡包、虚拟就诊卡的脱卡就医服务；基于微信的医院全院室内精准导航服务等互联网医院创新服务。

3.2.5 探索与实践成果

四川大学华西第二医院基于微信的智慧医院建成以来微信关注量已达 100 余万，挂号 82 万人次，缴费 57 万人次，累积交易金额 2.16 亿元，微信交易量占总门诊量的 65%以上，平均节省患者就医时间超过 2.5h。全院 2000 多名职工使用基于微信企业号“医互通”平台进行移动办公。“医互通”已开通公文收发、工资条、请假管理、订餐管理、PAC 随访、会议室预定、内部发文、材料文件处理、设备申购等功能，为医院每月节省约 30000 张纸的办公成本，提升医院内部办公管理效率约 400%。在这样拥挤的环境下推出微信诊疗服务，大大缓解了医院排长队现象，效果非常显著。对患者来说，改善了就医体验，提高了就医效率；对医院来说，加快了诊疗流程，提高管理效率；对社会来说，减少了医患纠纷，促进了社会和谐。

3.3 医疗智能化浪潮

3.3.1 概述

2016 年 3 月谷歌的阿尔法狗以 4:1 完胜韩国围棋高手李世石，自此人工智能技术越来越受到人们的广泛关注。在我们生活中随处可见的智能医疗也在世界范围内被关注。“智能医疗”是通过打造健康档案区域医疗信息平台，利用最先进的物联网技术，实现患者与医务人员、医疗机构、医疗设备之间的互动，逐步达到信息化。在未来，人工智能、传感技术等智能化手段将应用于医疗行业，使医疗服务行业走向真正的智能化，推进医疗事业的蓬勃发展。目前在中国新医改的形式下，智能医疗正逐渐出现在普通老百姓的生活之中。目前，世界上人均寿命越来越长，婴儿出生率逐步下降，同时人们对自身以及家庭的健康状况也更加关注，因此人们需要更好更智能的医疗服务。基于物联网、云计算技术、人工智能、嵌入式技术的智能化设备，可以搭建一个功能强大的物联网医疗体系，使人们平等地享受顶级的医疗服务，同时还能解决或减少由于医疗资源缺乏，导致看病难、医患关系紧张、事故频发等现象。

3.3.2 医疗智能化发展阶段

随着当今科学技术的不断发展，医疗服务的全方位化以及智能化有了巨大的提升，在医疗信息化和智能化发展方面主要经历了以下三个阶段：

第一个阶段是数字化，这个阶段将包括病历、病史以及在检测某种疾病的信息等许多信息进行数字化，以方便相关人员进行查询分析.

第二个阶段是院内移动化，这个阶段比数字化要更进一层，带来的改变是原来的病人和护理者在医院内部的空间不受限制[3]。

第三个阶段是远程化，一方面通过移动设备或可穿戴医疗设备将患者的病理信息远程采集汇总到医院信息系统，另一方面将会诊的结果及治疗方案等信息通过互联网及时传递到患者手中，诊疗不再受时空限制，让患者得到更及时、全面的治疗。

---

[3]纪佳鹏. 智能医疗离我们还有多远？[N]. 1 世纪经济报道，2013-12-09(019).

3.3.3 医疗智能化发展趋势

医学科技与现代信息技术等的交叉融合正在改变疾病诊治模式。医学发展到今天，在各方向都有了新的突破，同时也出现了学科间的交叉融合。医学科技与现代信息技术、材料科技等的深度融合，极大地促进了医学科技发展，将更准确深入地揭示人体生理构造与疾病发生发展的全过程，也将带来疾病诊断和治疗模式的突破，使得医学科技向个性化、精准化、微创化、智能化、集成化和远程化发展。这些突破在疾病诊治方面展示出广阔的发展前景，蕴含着巨大的社会和经济效益。比如，医学与移动互联网、可穿戴设备的结合带来了全新的“智慧医疗”时代，为医学发展带来新的契机与活力。未来，智能手机、平板电脑等手持设备将替代听诊器及其他常规检查设备用于健康监测和数据收集，智能传感技术和电子健康档案等将使健康管理更为精准方便；远程医疗系统将弥补偏远地区医生和医疗条件的不足，大大加强医疗服务的可及性，有望在一定程度上节省医疗资源、降低医疗费用，方便人民群众就医并获得更好的医疗服务。再如，大数据科学将成为新的医学科研范式。大数据的出现正促使医学研究的方法发生重大转变，在传统实验科学基础上产生了以数据驱动为主、实验为辅的理论科学[4]。

3.4 医疗智能化基础——信息系统

在过去，医院信息化系统往往处于可有可无或形同虚设的地位，也难怪有人说信息化建设看不到实际产出。而随着科学技术的发展，信息系统使用的实用性和易用性得到了快速的提升。医院井然有序的就医环

---

[4]金林杰. 准确把握医学科技发展趋势（大势所趋）[EB/OL]. http://opinion.zjol.com.cn/rdht/201610/t20161030_2032993.shtml, 2016-10-30/2017-9-15.

境、蒸蒸日上的医院业务、不断扩展的医院院区都是信息化带来的直接成果。现在的医院，如果没有信息化建设，几乎寸步难行，信息系统就是医院的“神经”[5]。

随着普通医院进一步向智能医院的转型，医院与患者之间的关系越来越智能、高效，智能化医院信息系统更成为了坚实的地基。

3.4.1 智能医疗信息系统总体架构

在智能医疗系统的实现过程中，将具有如下物联网架构，实现医疗系统中人与人、人与物、物与物的相互联系，为医疗智能化提供“不落地”的精准数据支持。智能医疗物联网总体架构如图 3. 86 所示。

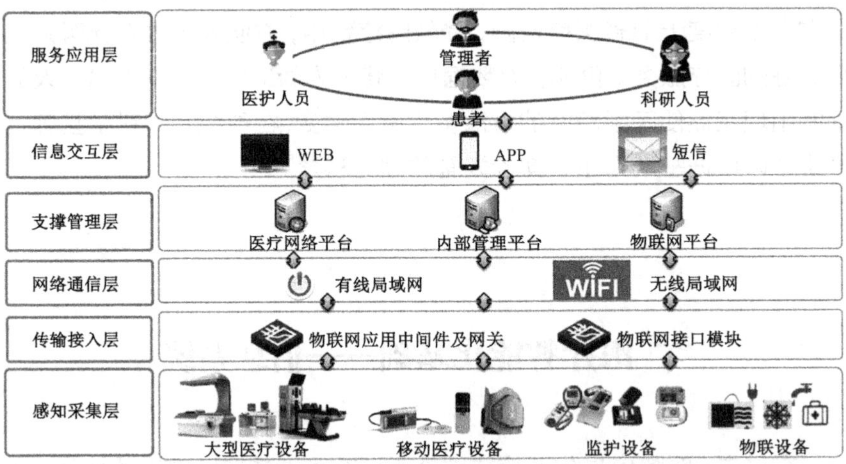

图 3.86 智能医疗物联网总体架构

---

[5] 刘华. 信息系统就是医院的“神经”中枢——记西北妇女儿童医院的信息化建设之路[J]. 中国数字医学，2017 (1): 118.

其中本书涉及的可穿戴医疗设备主要集中在“感知采集层”。在物联网架构基础上，接下来是构建智能医院信息系统应用架构。图 3.87 为某医院的信息系统总体架构（供参考），以医院的信息化应用系统为基础、云数据平台为中心，将智能医疗终端和用户终端通过互联网进行有效连接，通过大数据智能平台，让医疗系统更加“智能”，从而为患者更快、更精准地提供服务。

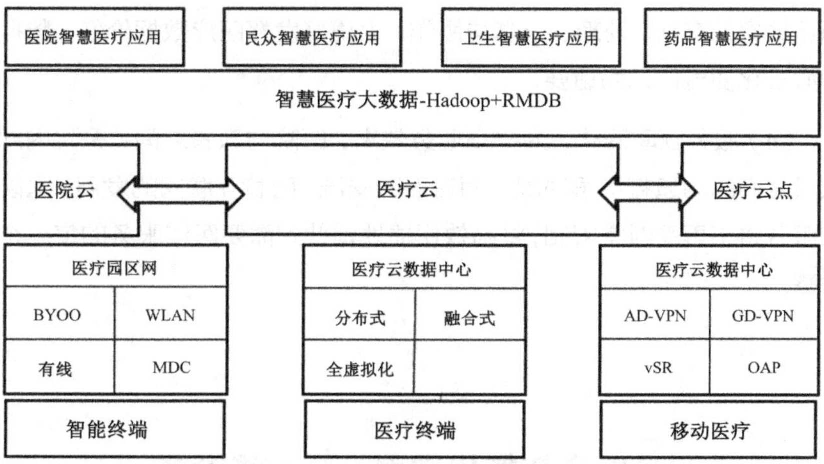

图 3.87　智能医院信息系统应用架构

3.4.2　智能医疗信息系统建设要点

为实现智能医院的建设，主要是基于数字化基础设施，建设集成化信息系统，最终打造数据、信息共享，提供智能决策的智能化数字医院。基于此，借鉴国内外智能医疗信息系统建设的成功经验，在医院信息系统建设过程中需要重视以下几点：

（1）基础设施数字化、网络化，将医疗设施设备尽可能通过物联网接入到医疗系统中，实现对各设备的医疗数据的采集，从而为医疗分析和智能决策提供支撑。

（2）应用系统集成化，需要将医院的 HIS、LIS、PACS、EMR 等系统实现集成，将各项数据为分析所用。避免建设过程中信息系统出现孤岛，孤立的信息系统中的数据将会成为“死数据”。

（3）数据中心云化，云计算的优势在于能够支撑起越来越大规模的海量数据的存储、处理、分享与协作，为更好发挥医疗数据价值，数据中心云化便显得尤为重要。

（4）服务互联网化，为提高业务效率，医院与患者之间、医院内部人员之间的沟通将不再局限于面对面的交流。随着互联网的发展，医院的服务将不再受时空限制，将高效便捷地延伸到需要医疗服务的每一个角落。

3.5 医疗智能化实现——智能设备

由 3.4 节医院智能信息系统架构不难看出，医院信息系统相当于智能医疗的“大脑”，而智能设备则好比智能医疗的“五官”和“四肢”：一方面，通过智能医疗检测设备将医疗数据采集传输到医疗信息系统中；另一方面，将治疗措施通过智能医疗设备作用于患者实现医治的目的。智能医疗设备中可直接穿戴到患者身上的用于辅助诊断和治疗的设备占了相当大的比重，接下来本书重点介绍可穿戴医疗设备这一分支。

第4章

可穿戴设备简介

可穿戴设备即直接穿在身上，或是整合到用户的衣服或配件上的一种便携式设备。可穿戴设备不仅仅是一种硬件设备，更是通过软件支持以及数据交互、云端交互来实现强大的功能，可穿戴设备将会对我们的生活、感知带来很大的转变[1]。本章将对可穿戴设备涉及的技术、发展情况、设备形态、市场表现等方面做一一阐述。

4.1 可穿戴设备的定义

可穿戴设备也称为可穿戴计算设备，目前并没有统一的概念定义。麻省理工学院的媒体实验室对可穿戴计算的定义是电脑科技结合多媒体和无线传播以不突显异物感的输入或输出仪器如手饰、眼镜或衣服进行连接个人局域网络功能、侦测特定情境或成为私人智慧助理，进而成为使用者在行进动作中处理信息的工具。

电子科技大学陈东义教授认为可穿戴设备通常以人体为载体、通过便携式穿戴，实现对应的业务功能。可穿戴设备与人体的交互形态主要基于人体能力和设备内置能力配合实现，是计算“以人为本、人机合一”理念的产物。基于这些定义，可穿戴设备可理解为基于人体自然能力之上的，借助电脑科技实现对应业务功能的设备。人体自然能力指人类本

[1] 三分钟看懂 TPU 在可穿戴设备市场[J]. 环球聚氨酯，2016 (11): 33-36.

体与生俱来的能力，如动手能力、行走能力、语言能力、眼睛转动能力、心脏脉搏跳动能力、大脑神经思维能力等。这里的电脑科技指基于人体能力或环境能力通过内置传感器、集成芯片功能实现对应的信息智能交互功能[2]。

4.2 可穿戴设备的发展

可穿戴设备的思想最早出现在 20 世纪 60 年代，当时由美国麻省理工学院媒体实验室提出了创新技术，它把多媒体、传感器和无线通信等高新技术融入人们的衣着配饰中，从而达到提高生活质量的目标[3]。

随后，计算机背包、数字助听器、蓝牙耳机等便携式设备逐渐被开发出来，并逐步推向市场。早期的可穿戴设备和目前的有较大差别，远远比不上目前的产品。早期的可穿戴设备的缺点总的来讲就是对用户十分不友好，例如计算机背包的重量大，不方便携带；计算手表性能不高，计算量有限，计数精度不高；数字助听器的续航能力太差等。不过随着元器件技术、传感技术、电池技术等科技的逐步发展，前述用户体验问题已经逐步得到改善。

纵观半个多世纪来可穿戴设备发展历程，大致可分为以下几个阶段：20 世纪 60 年代产生了可穿戴概念；20 世纪 70 年代涌现出了可穿戴设备的原型，但由于技术发展的限制，大多停留在实验室阶段，少部分进入市场，将可穿戴设备的概念进行了普及；直到 20 世纪末，真正

[2] 封顺天. 可穿戴设备发展现状及趋势[J]. 信息通信技术，2014 (3): 52-57.

[3] 颜延，邹浩，周林，等. 可穿戴技术的发展[J]. 中国生物医学工程学报，2015 (6): 644-653.

意义上的可穿戴计算由于互联网技术、传感器技术的进展得到了进一步的提升，出现了消费类的可穿戴式设备[3]；在 2010 年后，随着移动互联网技术和人工智能技术的发展，智能可穿戴相关的概念和产品开始逐渐成为产业和学术热点，迎来可穿戴行业的大爆发。

2012 年 Google 公司发布智能眼镜原型引起业界对可穿戴设备的广泛关注，而 Google 眼镜的发布更是引爆了一场新型智能设备的革命，可穿戴设备一下子成为了家喻户晓的名词。各大电子科技巨头也纷纷开始生产属于自己的可穿戴设备，比如 Pebble 的智能手表，咕咚手环，Geak ring 戒指，Smart wallit 钱包，还有康康血压仪，睿仁医疗生产的体温计等多种智能可穿戴设备。2014 年初在全球 CES（Consumer Electronics Show，消费类电子产品展会）和 MWC(Mobile World Congress，移动通信及智能终端展会)上，可穿戴设备出现百家争鸣的局面，几乎所有业内知名企业都展出了本公司的可穿戴设备，更有非电子通信行业的 Nike 等也加入进来。

近年来，各种会议、产业论坛和网站都新增可穿戴设备版块进行此类产品的宣传和讨论。以上种种迹象都表明：眼下全球对于发展可穿戴设备表现出极大的热情，很多公司都根据自己的战略和特点开始布局可穿戴设备。随着智能终端市场逐步饱和，可穿戴设备市场极有可能成为移动互联网时代下一个价值入口。可穿戴设备带来了全新使用体验，其未来的发展存在无限的想象空间[4]。

目前，全球可穿戴设备在三个方向发展迅猛：一是信息交换型产品，如智能手表和 Google 眼镜等；二是健康监测类产品，主要面向老人和儿童等人群；三是体感控制类产品，如眼动控制和脑电波控制等。

本节主要介绍了可穿戴设备的发展历史，接下来的 4.3 节将对未来

---

[4] 毛彤，周开宇. 可穿戴设备综合分析及建议[J]. 电信科学，2014 (10).

可穿戴设备的发展方向和良好前景做出更加合理的预判。在本书的第 6 章，我们将会进一步对一些较为典型的医疗可穿戴设备，例如智能听诊器、血糖分析仪、尿成分分析仪、VR/AR、智能血氧监测仪等设备的诞生、原理、类型、应用、前景做一一阐述。

4.3 可穿戴设备的发展趋势

可穿戴设备在感知与运用两个维度的变化，为其应用领域的拓展提供了各种可能性。随着相关技术的日趋成熟，各种产品即将大规模地进入普通人的生活，为人类带来重大的科技变革。目前，可穿戴设备最具有应用前景的领域是医疗、运动和娱乐。智能医疗通过使用智能终端、移动通信及云计算等技术提供医疗服务，可穿戴设备技术为智能医疗的应用和扩展提供了重要的支持[3]。

人们日常使用的生活物品，譬如眼镜、手表、手环、服饰，可以紧身佩戴来实现体征参数感知的目的。可穿戴医疗设备利用生物传感器，采集获取人体的生理数据，数据通过各类通信方式与数据中心进行交互，并在数据中心分包进行信息解读并反馈到个体，实现体征参数的智能监测[3]。

综合近年来可穿戴设备市场可以发现，未来可穿戴设备将会朝着以下几方面发展。

1．更加智能化

可穿戴设备将变得更加“聪明”，最终成为改变人们生活方式、提升生活质量的主要工具。目前市面上的一些可穿戴设备，例如检测睡眠质量的 IWan 智能手环，或用于心跳脉搏监测的迈欧阿尔法心率表，以直接输出数据结果为主，这对于普通用户来说，还难以根据这些数据来判断自身的身体状况。可以预见，在不久的将来可穿戴设备将不仅可实时测量用户的体征数据，同时能准确地显示用户的综合健康指标，从而让用户更加及时、更加便捷地了解自身的身体状况。

2．更美观时尚

现有的可穿戴设备侧重于“科技化”，而非日常生活中的时尚单品。Pebble 和 Martian 等品牌推出了接近普通手表的产品，谷歌眼镜也在近期推出了普通的黑框平光框架[5]，华硕推出的 ZenWatch、Moto 360、LG G Watch R 等圆形智能手表，苹果亮相的 Apple Watch 智能手表，这一系列别出心裁的设计点燃了可穿戴设备时尚化竞争的火苗，带动了整个行业产品的设计风潮。在近几年甚至已经开始出现针对女性用户而专门打造的非常漂亮时尚的产品。显而易见，设计更时尚是发展趋势。

3．更灵活多变

已有的设备主要局限在头戴和手腕佩戴两方面，随着可穿戴设备市场的蓬勃发展，今后的穿戴方式一定会更加灵活多变，腕戴设备和智能眼镜也不是我们唯一值得期待的产品类型，智能珠宝和智能服装两类产品异军突起，许多高端的时装公司也加入到了这一行列中来，产品类型将呈现出整合与细分并行的发展趋势。未来的可穿戴设备将与身体完全契合，使所有的动作都能够反馈到人们的行为中，并且研究开发的侧重点将由数据追踪转向基于数据的服务。

---

[5] 王晓丽，刘咏梅. 可穿戴式设备的类别分析及发展趋势[J]. 国际纺织导报，2015 (5): 58-60.

4．更平民化

纵观市场上的可穿戴设备，价格虽然参差不齐，但是价位相对较高，这与可穿戴设备的数量稀少密切相关。随着社会的发展，更多可穿戴设备的出现将会改变这一现状，未来每个人都将有机会佩戴这种设备，将像目前手机一样普及。不仅如此，未来的可穿戴设备的功能将越来越完善，专属应用会越来越丰富。例如在医学领域，一些智能的小型可穿戴设备例如心电监测仪、胎心监护仪、心电仪、血压计等，将被有需要的病患随身佩戴，实时测量用户的身体健康状况，并准确地显示综合健康指标，或将实时监护到的数据通过数据传输实时传递给医院及主治医生，实现远程监护。

4.4 可穿戴设备的类型

目前市场上可穿戴设备种类繁多，下面将从不同维度对可穿戴设备进行分类：

1．按功能分

从主要功能上，大致可分为三大类：生活健康类、信息资讯类和体感控制类。

生活健康类的设备有运动、体侧腕带及智能手环，一般通过图形化界面、多通道智能人机交互或传感器收集信息和数据；信息资讯类的设备有智能手表和智能眼镜，一般以自然语言交互为主，通过语音识别来实现操作；体感控制类的设备有各类体感控制器等，以年轻消费者为主要目标人群，通过体感交互、虚拟交互，增强人类能力，娱乐生活。如表 4.1 为智能穿戴设备按功能的分类。

表 4.1 智能穿戴设备按主要功能分类

产品分类	生活健康类	信息资讯类	体感控制类
目标人群	大众消费者	大众消费者	以年轻消费者为主
交互方式	（1）图形化界面，多通道智能人机交互；（2）通过传感器收集信息和数据	以自然语言交互为主，通过语音识别来实现操作	体感交互，虚拟交互
解决问题	采集数据，对比和分析，帮助达到预期指标或目的	增强现实，更方便、及时地获取信息	增强人类能力，以娱乐活动为主

2．按穿戴位置分

按照智能可穿戴设备的佩戴位置进行分类，该方法相对简单、界限清晰。主要有手（臂）环类：主要以一系列运动记录手环、臂环为主；手表类：Pebble 等辅助类智能设备；眼镜类：主要是以 GoogleGlass 等为主的新型智能终端；智能服装类：主要由 Geek 开发，几乎没有正式发布的产品，例如可以通过转化太阳能为电子设备充电的比基尼、靴子等[6]。

3．按应用领域

这里采用国际知名市场研究公司 IMS Research 的分类方法，即认为当前智能穿戴设备主要应用于四大领域：健身与健康、医疗与保健、工业与军事、信息娱乐，如表 4.2 所示。

表 4.2 智能穿戴设备的主要应用领域及相关产品

应用领域	产品类别
健身与健康	（1）体育运动检测器；（2）健身和心率检测器；（3）智能运动眼镜；（4）智能服装；（5）睡眠传感器；（6）情绪测量仪器

[6] 谢俊祥，张琳. 智能可穿戴设备及其应用[J]. 中国医疗器械信息，2015 (3): 18-23.

续表

应用领域	产品类别
医疗与保健	（1）连续血糖检测仪；（2）心电图检测仪；（3）脉搏血氧仪；（4）血压检测仪；（5）助听器；（6）药物输送仪；（7）除颤器
工业与军事	（1）手戴终端设备；（2）智能服装；（3）增强现实耳机
信息娱乐	（1）智能手表；（2）智能眼镜；（3）增强现实耳机；（4）可穿戴式成像装置

4.5 可穿戴医疗设备的市场

1861 年，一位法国医生将一个薄笔记本卷成圆筒，以听清患者心脏跳动的声音，这个举动催生出听诊器，临床医学迈出一大步。当时间指向 2016 年，医生坐在办公室里就可以通过一部智能可穿戴设备反馈的信息查看地球另一端某个病人的心电图，这就是正在发生的医疗技术革命。美国霍普金斯医院前心内科医生 Eric Topol 在他的新书 *The Creative Destruction in Medicine* 中，将移动医疗列为医疗领域最具潜力的破坏性创新技术[7]。接下来，引用《全球可穿戴健康医疗设备深度报告》详细介绍可穿戴医疗设备具备的优势。

（1）实现长时间的动态监测，提供全面的临床诊断数据。在早期心脏病监测中，一次心电图难以捕捉到有效的诊断依据，但患者又明显自觉症状的情况下，应该及时进行心电图检查。如果等症状缓解，患者的

[7] 海涵 007. 可穿戴健康医疗百亿市场规模下的投资机会[EB/OL]. http://blog.sina.com.cn/s/ blog_5cee47ae0102gp93.html, 2014-02-04/2017-7-25.

自我感觉已不明显时再做心电图，或许什么病变也看不出来。动态心电图（DCG）可连续记录 24h 心电活动的全过程，包括休息、活动、进餐、工作、学习和睡眠等不同情况下的心电图资料，能够发现常规一次心电图（ECG）不易发现的心律失常和心肌缺血，是临床分析病情、确立诊断、判断疗效重要的客观依据，如图 4.1 所示。

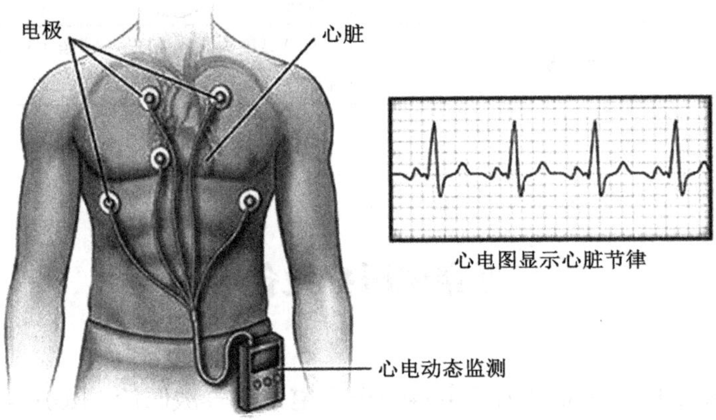

图 4.1　心电动态监测

（2）有利于寻找病因，实现防病和早期治疗。很多疾病的早期，都是很容易治疗控制的。如果初期未能检测出，后期面临病情恶化难以控制的风险更大，同时需要更大的代价（更高的医疗费用和身体损伤）。移动医疗基于更丰富和全面的监测数据及后台的云技术分析，可以帮助患者在疾病初期发现病因，及时治疗或者提醒患者改变不良生活习惯、改变生活环境，这样就有可能变治病为防病。例如心血管疾病，在发病之前，都伴随高脂血症、肥胖、高血压、糖尿病等症状，如果及时检测到高血糖、高血脂、高血压并改变不良生活习惯（如减肥戒烟），就可以达到很好地控制心血管疾病的目的。

（3）预防突发性疾病。心脏病专家胡大一教授认为，10 个心肌梗死患者中 9 个可被解释和预测。如果控制好致病的危险因素，6 个心肌梗死患者中 5 个可以被预防。由于心脏性猝死发生突然，往往没有时间进行救治，因此预防重于治疗。

（4）提升诊疗水平，持续跟踪患者情况。借助智能联网技术，医生可以提高诊断水平，也可以与患者进行更好的沟通。根据益普索医疗（Ipsos Healthcare）及罗德亚洲健康及医疗（Ruder Finn Asia Health & Wellness）2012 年第四季度针对大陆、香港、台湾 522 名医生调研结果显示：68%的医生认同如果能够更为方便地获取网络医疗信息，将有助于改善整体医患关系；62%的医生曾通过网络资源（浏览器及在线免费服务）获得的新信息改变了初步诊断；40%的医生认为他们可以通过在线交流即时回答患者的紧急咨询。

经济学人智库 2012 年的一份调查显示，有接近一半的医生认为未来需要远程数据处理和诊断决策的服务。他们最希望未来能有远程病情监控这项服务，因此医生需要可穿戴智能医疗设备的支持，如图 4.2 所示。

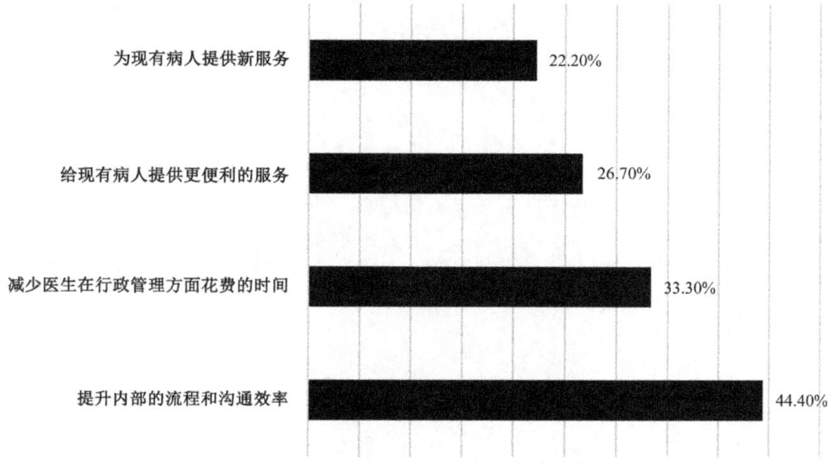

图 4.2　医生期待移动医疗能够改善的方面

许多疾病在彻底康复之前会出现情况反复，患者出院再入院的情况普遍存在。通过可穿戴智能医疗设备可以持续跟踪患者后续情况，医生可以动态评价药物的疗效，及时跟踪患者的康复进展情况，发现潜在的风险因素。医生可以评价药物疗效，例如在上述 24h 心电图诊断中，DCG 能够评价心率失常药物的疗效。对暂时无法痊愈的疾病，如糖尿病，需要进行饮食控制和血糖监控；有些疾病复发概率高，如心脏疾病，由于心脏功能随年龄增长而逐渐衰弱，所以心脏病患者需要及时复查以避免病情突变[7]。由于可穿戴医疗设备具有以上多方面优点，因此可穿戴医疗设备越来越受到人们的重视，迎来了爆发式增长。

像其他电子数码产品一样，智能可穿戴设备也存在着更新换代，在这个升级过程中，精华将被留下并继续发展，而缺点则会被淘汰。其中，关键技术决定智能可穿戴产业的发展进程与方向。

第5章

可穿戴设备技术内幕

第 4 章我们对可穿戴式设备的发展情况、形态、市场表现等方面做了阐述。随着移动互联网行业的迅猛发展，可穿戴式设备呈井喷式发展，越来越多技术的引入，使人们生产、生活更加方便快捷。通过可穿戴设备我们可以用眼动、声音、触感实现人机交互，用云计算实现自动化管理减少人力投入。在本章我们将揭开可穿戴设备背后的神秘面纱，从技术原理、技术特点、运用场景三方面对人机交互技术、传感器技术、柔性电子技术、通信技术和可穿戴计算技术等一一做出阐述。

5.1 人机交互技术

人机交互技术（Human-Computer Interaction，HCI）是指人与计算机之间以特定的方式，为完成确定任务人与计算机之间的信息交换过程。人类在许多方面与计算机进行交互，并且为了促进这种交互，人类和计算机之间的接口是非常重要的。随着图形用户界面（Graphical User Interface，GUI）的不断发展，各种桌面应用软件、网页浏览器等已经融入到我们生活中。如今，用于语音识别和语音合成的语音用户界面（Voice User Interface，VUI）也逐渐被广泛应用。从用户的角度上来说，操作简捷是一个很重要的要素，将很大程度上影响用户的使用体验。由于可穿戴设备与生活更贴近，交互频率更高，更需要关注用户在日常使用中的便利性，而不是在操作这些设备上浪费太多时间。因此，先进的交互技术不断涌现，使可穿戴设备更加贴近用户的生活，最终实现一种以人为本的、自然互动的、适合身体的交互。

在可穿戴设备中，由于人们使用频率高，对人机交互提出了更高的要求：不仅让用户更好地控制设备，也需要让设备更懂用户。人机交互的方式涉及多种不同的形式，主要的交互技术可简单分为以下六类。

5.1.1　眼控交互技术

眼控又称视线追踪、眼动追踪，英译为 Eye control，如图 5.1 所示。

图 5.1　眼控技术

1. 眼控技术原理

当人的眼睛看向不同方向时，眼部会有细微的变化，这些变化会产生可以提取的特征，计算机通过图像捕捉或扫描等提取这些特征，从而实时追踪眼睛的变化，预测用户的状态和需求，并进行响应，达到用眼睛控制设备的目的。眼控技术通常有三种追踪方式：一是根据眼球和眼球周边的特征变化进行跟踪；二是根据虹膜角度变化进行跟踪；三是主动投射红外线等光束到虹膜来提取特征[1]。

下面以前述第三种方式为例介绍眼控技术原理：如图 5.2 所示，首先图中位置 1 所示的眼控仪发出近红外光束投射到人眼上，根据发射光束和从人眼反射回的红外光计算得到参考点，当人眼注视屏幕上不同位置时，眼球会相应地发生转动，此时反射回的光就会产生一定的偏移，根据偏移方向、偏移量大小等信息计算得到眼球运动轨迹和状态，结合眼周的图像信息可进一步计算得到眼睛注视点的位置。眼控技术含量最高的是自动校正系统，避免人工调节的繁琐，通过算法优化，提升光学采集精度，还要实现视线追踪，判别眼睛睁、闭状态等。

图 5.2 眼控技术原理

当人的眼睛看向不同方向时，眼部会有细微的变化，这些变化会产生可以提取的特征，计算机通过图像捕捉或扫描提取这些特征，从而实时追踪眼睛的变化，预测用户的状态和需求，并进行响应，达到用眼睛

---

[1] 陈根. 可穿戴设备的七大关键交互技术[EB/OL]. http://www.sohu.com/a/42297835_124207, 2015-11-18/2017-8-17.

控制设备的目的。

2．眼控技术特点

目前的眼动数学模型都是基于估算的，要完全精确和稳定地追踪人眼注视点变化在当前国际眼控技术领域还是世界性难题！以七鑫易维公司眼控技术为例，其主要特点是单目、弱红外，单眼即可操作、操作精确、适合长时间使用，但头动偏移的适应程度较小；另一家公司 Tobii 公司眼控技术的主要特点是双目、强红外。在一定范围内对头动的适应程度较好，但因为强红外光对眼睛有一定刺激，不适合长时间使用。

3．眼控应用场景

传统的人机交互技术主要依靠键盘、鼠标、触摸等。眼控技术比较直观，适合的控制对象是智能眼镜。眼控技术用在智能眼镜上，有很多前所未有的体验，比如眼睛聚焦在某食品上时眼镜立刻就显示出它的热量、糖含量等各种信息，方便人们决策是否食用该食品；又比如当在商城看到中意的衣服，通过连续眨眼，可以自动下单等。另外，遇到抖动也不怕了，因为眼睛和眼镜距离很近，基本上是一起在抖动。更广阔的应用场景还包括捕捉到眼球变化特征后用于控制智能手机、电脑、电视等。

5.1.2 语音交互技术

语音交互可以说是可穿戴设备时代人机交互之间最直接的交互技术之一。新一代语音交互的崛起，将语音与智能终端以及云端后台进行了恰到好处的整合，让人类的语音借助于数据化的方式与程序世界实现交流，并达到控制、理解用户意图的目的。前端使用语音技术，重点在后台集成了网页搜索、知识计算、资料库、问答推荐等各种技术，弥补了过去语音技术单纯依赖前端命令的局限性。

1. 语音交互技术原理

下面以医院 “预约挂号”这样单一任务为导向的聊天为例，介绍语音交互的整个过程。整个任务导向的语音交互流程总结成如图 5.3 所示。

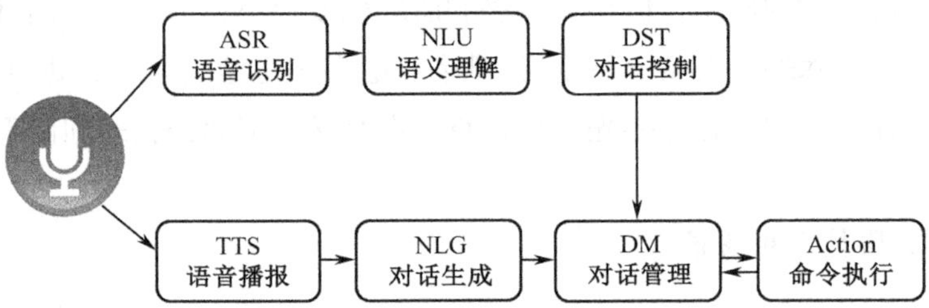

图 5.3　语音交互架构

接下来详细介绍各个模块的基本工作原理：

1）语音识别（Automatic Speech Recognition，ASR）

在图 5.3 中，最左侧代表的是一段语音，通过语音识别模块（ASR）进行处理，将一段音频变成对应的文字。由于近年来机器学习能力的发展，大幅提升了 ASR 语音识别模块的识别准确率，这才让人与机器的语音交互成为可能，因此 ASR 是语音交互真正意义上的起点。虽然 ASR 模块知道你说什么，但很遗憾的是，他无法理解你的意思，对语义的理解会交由语义理解模块来处理。

2）语义理解（Natural Language Understanding，NLU）

可以说 NLU 是整个语音交互中最核心的部分，整个 NLU 模块基本上做两件事，那就是对用户意图（Intent）的理解，和对用户表达的语句中核心槽位（Slot）的解析。举例来说：

用户表达：请帮我预约一个明天上午十点儿科门诊李某某医生的

号。从这句话中，我们通过 NLU 模块解析出如下内容：

意图（Intent）= “预约号”

槽位（Slot）：a.看病时间=明天上午 10 点

b.看病科室=儿科门诊

c.看病医生=李某某

上面的例子中我们提到了意图、槽位和槽位类型三个概念，下面单独展开说这三个部分。

（1）意图（Intent）。意图其实是一个分类器，确定用户表达的这句话是哪个类型，进而由这个类型对应的程序做专门的解析。这里所说的“这个类型对应的程序”我们给他起了一个形象的名字，叫做机器人（Bot），比如用户说：“给我放一首快乐的歌吧”，这个时候我们判断用户的意图分类是音乐，因此召唤出音乐机器人（Bot）给用户推荐一首歌播放，用户听着觉得不对的时候，说：“换一首”，还是这个音乐机器人继续为用户服务，直到用户表达别的问题，意图已经不是音乐的时候，再切换成别的机器人为用户服务。

（2）槽位（Slot）。当用户意图被确定之后，我们就需要进一步理解对话中的内容，为简便起见，我们只选择最核心重要的部分进行理解，其他统统忽略，那些最重要的部分我们称为槽位（Slot）。

在“预约号”这个例子中我们已经看到，我们定义了两个核心槽位，分别是“看病时间”和“看病科室”，如果要全面考虑用户预约号需要输入的内容，我们肯定能想到更多，比如看病医生、看病诊室等，对于语音交互的设计者来说，设计的起点就是定义槽位。

（3）槽位类型（Slot-Type）。系统需要依靠槽位类型（Slot-type）去理解这些槽位，例如针对时间（明天上午 10 点），系统是需要预先知道所有关于时间的表达方式，才能判断这句话里具体指的什么时间，这个预先知道关于所有时间的表达方式，我们称为时间的槽位类型

（Slot-type）。槽位类型是可以预先定义好的，比如我们会预先定义一个槽位类型叫做 @Hos.Loc-Doc，其中 Hos 代表这是系统定义的，Loc-Doc 是这个槽位类型真正的名称，槽位类型里的内容就是所有的诊室和医生。对于上述“预约号”这个意图中的“诊室”和“医生”这两个槽位，对应的槽位类型都是 @ Hos.Loc-Doc。

3）对话控制与对话管理（Dialogue State Tracking，DST）&（Dialogue Manager，DM）

在不同对话系统中，对话管理器各模块的叫法与设计都不尽相同，这里大家可以统一认为 DST 与 DM 是一个整体，专门做对话状态控制和管理的。举例来说，如果用户表达了“预约号”的需求，但是什么信息都没说清楚，我们就需要对话系统询问用户必须获知的槽位信息，如下：

用户：我想预约号。

BOT：请问您要预约哪个科室？

用户：儿科门诊。

BOT：请问你想预约什么时间的号？

……

这里发现关键槽位没有填补上，并选择预先定义好的话术询问的，就是 DST 与 DM 组成的对话状态控制和管理模块。

4）对话生成（Natural Language Generation，NLG）

生成对话的技术路线有很多，对于任务导向型的 BOT 来说，基本以模板方式（Template Base）做 NLG，其中关键回复信息由用户表达做替换，比如用户说：“我想预约一个明天下午差一刻 3 点的妇科门诊周某某的号”，我们回复时，也说：“明天下午差一刻 3 点，妇科门诊周某某老师的号已经预约成功……”这样的对话基本符合标准任务流程，同时也更贴近用户。

5）语音播报（Text To Speech，TTS）

TTS 是语音合成播报技术，主要目标是处理好播报的“音韵”问题，这需要对符号、多音字、句型等信息做判断，统一考虑，处理播报中的字音读法。另外，为适应不同人群喜好，也要关注“音色”。总的来说就是处理好“音韵”和“音色”。

这里有个小窍门，对于任务导向型的 BOT，如果 NLG 过程中使用了大量的模板，那么为提升 TTS 播报质量，会邀请真人录制标准的模板部分，这样整个对话系统听起来会更加自然。

讲到这里，基础的语音对话交互原理就讲完了，相信这个流程能很好地帮助我们理解语音交互原理。

2．语音交互技术特点

前面以预约挂号为例介绍了语音交互的原理，其中不难看出语音交互具有以下的特点：

（1）高效性。语音是一种高效的交流媒体，包含着丰富的信息[2]，同时语言是高度结构化的声音组合，是人们思想的表达，语言基本上是人思维的反应。如聆听他人说话同时产生更多想法；使用键盘输入的同时，对听到的语音进行思考。

（2）自然性。语音与其他交流手段相比更加自然，并且其认知负荷比较低，不需要一直占据用户的注意力。

（3）灵活性。语音对物理空间的资源占用比较少，照明不佳等不良条件下也能正常使用，因此适合在不能有效利用视觉通道传递信息的场合中采用。

[2] 第 4 章交互技术：语音交互技术[EB/OL]. https://wenku.baidu.com/view/e4226fd3b9f3f90f76c61b2d.html, 2012-06-23/2017-07-02.

（4）动作与语音同时进行。人可以在进行肢体动作时同时讲话。因此，在操作计算机时，可以一边跑步一边思考，但却很难在说话的同时进行思考。语音可单独使用，也可结合鼠标、输入笔等指点式设备进行交互，完成目前 WIMP（Window/Icon/Menu/Pointing Device，即：窗口、图标、菜单和指点设备，是图形用户界面中的重要组成部分）”界面中通常的操作任务。

（5）敏感性。人们对声音信号比较敏感，利用声音进行提示和报警是常用的方法，在信息随机呈现并要求操作员立即采取行动的任务中也非常合适。

（6）短暂性。语言信号一旦发出就不可再得到了，因此用户需要记住这些信息，要消耗用户大量的短时记忆资源，增加使用者的记忆负担。

（7）信息呈现慢。语音在信息呈现方面很慢，且语音信息难以回溯和编辑处理，还会干扰其他的认知任务。但是语音被证明在信息的前向处理上很有用，如在紧急环境下报警为盲人和行动不便者提供输入和输出的途径。

（8）使用效率高。语音使用效率较高，语言传递信息比写字和打字速度快，但对于听众来说，听别人说话却比自己阅读要慢得多。与图形化用户界面相比，语音交互界面是串行的输出方式，速度相对较慢。

3. 语音交互应用场景

目前市面上常见的语音类产品有：

（1）手机领域：微信，语音助手，百度搜索，听歌搜索；

（2）PC 领域：语音聊天，外语教学软件，盲人辅助软件；

（3）出行领域：车载系统；

（4）可穿戴领域：Google Glass，智能导诊。

随着可穿戴设备发展越来越迅速，语音交互技术在可穿戴设备上的应用将更加广泛。

5.1.3　体感交互技术

体感交互技术是指利用计算机图形学等技术识别人的肢体语言，并转化为计算机可理解的操作命令来操作设备，它是可穿戴设备趋势下带动起来的一种人机交互技术。其中手势交互最具代表性，各类传感器对手部形态、位移等进行持续采集，每隔一段时间完成一次建模，形成一个模型信息的序列帧，再将这些信息序列转换为对应的指令，用来控制实现某些操作，如图 5.4 所示，是一典型的体感交互技术应用场景。随着各项技术的成熟和传感器的发展，手势识别已经进入可用性阶段，各类产品和解决方案也开始涌现。

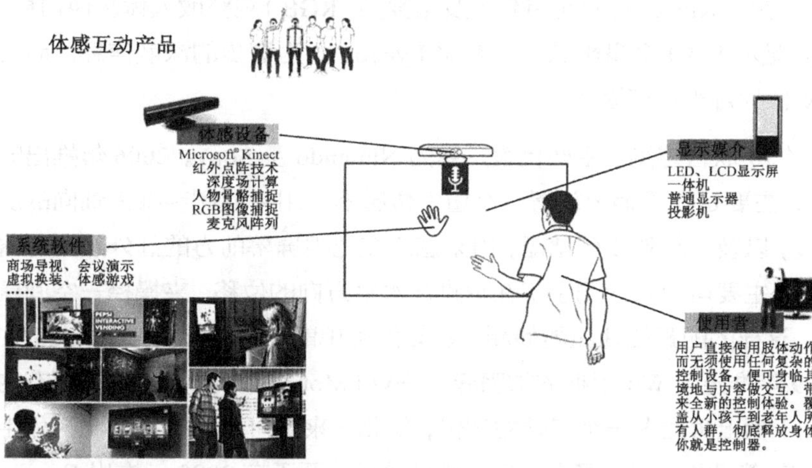

图 5.4　体感交互示意图

1．体感交互技术原理

常见的体感技术，依照体感原理的不同，主要可分为三大类：惯性感测、光学感测以及惯性和光学联合感测[3]。三类体感技术，主要原理如下。

[3] 吕瑶. 体感技术何时闯入新教育？[J]. 中国远程教育，2012: 75-78.

（1）惯性感测。主要是以惯性传感器为主，例如用重力传感器、陀螺仪以及磁传感器等来感测使用者肢体动作的物理参数，分别为加速度、角速度以及磁场，再根据这些物理参数来求得使用者在空间中的各种动作。

（2）光学感测。主要代表厂商为 Sony 及 Microsoft。早在 2005 年以前，Sony 便推出了光学感应套件——EyeToy，主要是通过光学传感器获取人体影像，再将此人体影像的肢体动作与游戏中的内容互动，主要是以 2D 平面为主，而内容也多属较为简易类型的互动游戏。直到 2010 年，Microsoft 发表了跨时代的全新体感感应套件——Kinect，号称无需使用任何体感手柄，便可达到体感的效果，而比起 EyeToy 更为进步的是，Kinect 同时使用激光及摄像头（RGB）来获取人体影像信息，可捕捉人体 3D 全身影像，具有比 EyeToy 更为进步的深度信息，而且不受任何灯光环境限制。

（3）联合感测。主要代表厂商为 Nintendo 及 Sony。2006 年推出的 Wii，主要是在手柄上放置一个重力传感器，用来侦测手部三轴向的加速度，以及一红外线传感器，用来感应在电视屏幕前方的红外线发射器信号，主要可用来侦测手部在垂直及水平方向的位移，来操控一空间鼠标。这样的配置往往只能侦测一些较为简单的动作，因此 Nintendo 在 2009 年推出了 Wii 手柄的加强版——Wii Motion Plus，主要为在原有的 Wii 手柄上再插入一个三轴陀螺仪，如此一来便可更精确地侦测人体手腕旋转等动作，强化了在体感方面的体验。至于在 2005 年推出 EyeToy 的 Sony，也不甘示弱地在 2010 年推出游戏手柄 Move，主要配置包含一个手柄及一个摄像头，手柄包含重力传感器、陀螺仪以及磁传感器，摄像头用于捕捉人体影像，结合这两种传感器，便可侦测人体手部在空间中的移动及转动[4]。

---

[4] 体感技术[EB/OL]. http://blog.sina.com.cn/s/blog_50321d940102v1ot.html, 2014-09-13/2017/09-11.

2. 体感交互技术特点

应用体感交互技术人们可以很直接地使用肢体动作，与周边的装置或环境互动，而无需使用任何复杂的控制设备，便可让人们身历其境地与内容做互动。其具有以下几方面的特点：

（1）科技性较强，比传统的交互方式更加人性化。

（2）具有趣味性、艺术性、科技性、互动性等多项功能。

（3）体感互动能够更大程度增强用户的参与积极性。

（4）体感互动能够带给用户更强的操控体验，因其独特的优势在很多领域被使用，如房产售楼处、展厅展馆、娱乐场所、教育机构、医疗领域等。

3. 体感交互应用场景

1）远程控制

科学家们已经研发出了一些体感设备，借用这些设备，用户只需要用手势模拟飞机的翻滚、俯冲和偏航运动，就能控制真实飞机的飞行。目前，这些设备主要用于小型的四桨直升机。但是，美国国家航空航天局（NASA）的科学家们另辟蹊径，最近使用同样的技术来控制其全地形（适合所有地形）的六臂外星探测器“ATHLETE”。

据媒体报道，NASA 的人机界面工程师维克多·罗在旧金山举行的 2013 年电子游戏开发者大会（GDC）上为人们带来了惊喜，他通过 LeapMotion 操控远在加州帕萨迪纳市 NASA 喷气推进实验室内的 Athlete 六臂探测器的“一举一动”，并成功地演示了将 Athlete 的臂膀抬起。

近年来，NASA 开始慢慢跟 Leap、Microsoft 等多家公司合作，将他们研发的先进体感技术运用到 NASA 的系统中，NASA 表示，未来，人们或许只需要使用简单的人机界面，就能对远在太空的机器人和探测器的探测活动进行远程控制。

2）机器人手术

热门美剧《实习医生格蕾》中有一幕令人印象深刻：一名病人被自制的火箭弹打中，但在体内没有爆炸，虽然最终按着伤口的女主角格蕾侥幸大难不死，但倒霉的配角拆弹专家们却被炸得粉身碎骨。想象一下，如果医生们使用 LeapMotion 通过操纵机械手来进行外科手术，这一切或许都可以避免，而且，机器人手术的精确度高达 0.01mm。

LeapMotion 也使医生们能远程治疗病人，这对那些在战场上浴血奋战的士兵和在太空工作的宇航员们来说尤为有益。能够精确地远程操控机械手有望改变很多机械工作的方式，比如，在世界的另一端的工程师们可以远程修复一架喷气式飞机。

3）3D 设计

Leap 公司的创始人大卫·霍尔兹使用 3D 计算机辅助设计时的抓狂经历是其研发 LeapMotion 的动力，如此一来，该公司首先选择同软件设计公司“欧特克”（Autodesk）合作就是一件顺理成章的事。使用 LeapMotion，用户能像捏泥巴一样，随心所欲地像摆弄变心金刚一样地玩转一块 3D 模型。

4）安全

随着建立在密码基础上的计算机安全系统日益脆弱，硬件制造商们正在研发新的生物识别安全系统，然而，诸如视网膜扫描等技术目前还昂贵得让人望而却步。现在，美国俄亥俄州哥伦布市一家名为 Battelle 的技术研发公司研发出了一个应用程序，能够基于独特的手型和手势来鉴定某人的身份。使用这一程序和一台配备了 LeapMotion 的机器，人们只需要朝传感器挥挥手就可以登录机器。

5）教育

学习立体几何时我们大概都会有大脑不够用的感觉——绘制在黑板上的几何图形怎么看怎么没有立体感，那么，如果使用 LeapMotion 来演示这些几何图形，我们或许会恍然大悟。使用手势控制，学生们能直接同复杂的可视化设备和图像交互，有助于他们做出化学物质或 DNA 的模型；学生们也能探索太空；对不同的数据进行操控以测试不同的情境等。霍尔兹表示，手势控制有望使最抽象的概念变得真实且直观[5]。

6）医学

在医学领域中，目前体感技术主要应用于医疗康复、医学影像学和心理学。以医疗康复领域为例，可以结合虚拟现实技术，针对运动障碍患者肢体运动不便，鼠标、键盘灯传统输入设备不适用的特点，开发基于体感技术的运动功能康复训练模块等，为患者重返社会、提高生活质量创造条件。

5.1.4 VR/AR 交互技术

1. VR 技术

VR 是 Virtual Reality 的简称，即虚拟现实技术。是利用电脑模拟产生一个三维空间的虚拟世界，提供使用者关于视觉、听觉、触觉等感官的模拟，让使用者如同身历其境一般，可以及时、没有限制地观察三

---

[5] 手势控制有望改变人机交互的五种方式[EB/OL]. http://blog.sina.com.cn/s/blog_81a5534b0101gdjp.html, 2013-08-26/2017-08-02.

度空间内的事物[6]。

VR 的实现主要包含以下几个方面：

（1）形成三维图像。利用计算机建模产生立体的图形图像，比如驾驶模拟系统中模拟的周围公路、建筑物等图像。

（2）显示。人看周围的世界时，由于两只眼睛的位置不同，得到的图像略有不同，这些图像在脑子里融合起来，就形成了一个关于周围世界的整体景象，这个景象中包括了距离远近的信息。当然，距离信息也可以通过其他方法获得，例如眼睛焦距的远近、物体大小的比较等。在 VR 系统中，双目立体视觉起了很大作用。用户的两只眼睛看到的不同图像是分别产生的，显示在不同的显示器上。有的系统采用单个显示器，但用户带上特殊的眼镜后，一只眼睛只能看到奇数帧图像，另一只眼睛只能看到偶数帧图像，奇、偶帧之间的不同即视差就产生了立体感[7]。

（3）用户（头、眼）跟踪。通过用户头戴设备内的陀螺仪，当人转动头部时，陀螺仪能够及时感知人头部的变化情况，此信息传递给图像生成引擎，及时更新画面，从而使人感觉到，自己是在看一个环绕的虚拟空间，从而产生 360° 的三维空间感。

（4）声音。人能够很好地判定声源的方向。在水平方向上，我们靠声音的相位差及强度的差别来确定声音的方向，因为声音到达两只耳朵的时间或距离有所不同。常见的立体声效果就是靠左右耳听到在不同位置录制的不同声音来实现的，所以会有一种方向感[8]。利用该原理，VR

---

[6] 虚拟现实技术前景[EB/OL]. http://jz.docin.com/p-612466315.html，2013-03-11/2017-04-14.

[7] 韦建中，李巧鸽，夏天浩，等. 工程可视化设计技术应用研究[J]. 2005 (4): 31-33.

[8] 虚拟现实技术漫谈[EB/OL]. http://www.360doc.com/content/05/1201/17/2240_38669.shtml, 2005-12-01/2017-04-10.

系统通过给两只耳机传输有差异化的声音，从而让耳朵感受到身临其境的立体声效果。

（5）触觉。在一个 VR 系统中，用户可以看到一些虚拟的物体（比如杯子）。你可以设法去抓住它，但是你的手没有真正接触杯子的感觉，并有可能穿过虚拟杯子的“表面”，而这在现实生活中是不可能的。解决这一问题的常用装置是在用户佩戴的手套内层安装一些可以振动的触点来模拟触觉[9]。

从前述 VR 原理介绍中不难看出，VR 技术具有以下特点：

（1）沉浸性。是指利用计算机产生的三维立体图像，让人置身于一种虚拟环境中，就像在真实的客观世界中一样，能给人一种身临其境的感觉。

（2）交互性。在计算机生成的这种虚拟环境中，人们可以利用一些传感设备进行交互，感觉就像是在真实客观世界中一样，比如：当用户用手去抓取虚拟环境中的物体时，手就有握东西的感觉，而且可感觉到物体的重量。

（3）想象性。虚拟环境可使用户沉浸其中并且获取新的知识，提高感性和理性认识，从而使用户深化概念和萌发新的联想，因而可以说，虚拟现实可以启发人的创造性思维[10]。

近年来 VR 技术日渐成熟，VR 游戏、VR 社交、VR 购物、VR 看房、VR 医学等方面都有了较大发展。以 VR+医学为例，可以建立虚拟的人体模型，借助于头戴显示器（Head Mount Display HMD）、感觉手

---

[9] [分享]什么是 VR 虚拟现实？-vr 资源社区-vrarz.Com[EB/OL]. http://blog.sina.com.cn/s/blog_d70764190102w6zb.html, 2016-01-29/2017-8-23.

[10] 王凯，常祺. 虚拟现实技术用于投弹训练及减少训练伤的研究[J]. 人民军医，2017 (7):3.

套以及前述的眼控技术，学习了解人体内部各器官结构，对虚拟的人体进行手术、观测手术后的效果等，实现利用 VR 技术来训练新医生。

2. AR 技术

增强现实（Augmented Reality，AR），是在虚拟现实的基础上发展起来的新技术，也被称为混合现实。是通过计算机系统提供的信息增加用户对现实世界感知的技术，将虚拟的信息应用到真实世界，并将计算机生成的虚拟物体、场景或系统提示信息叠加到真实场景中，从而实现对现实的增强。AR 通常是以透过式头盔显示系统和注册（AR 系统中用户观察点和计算机生成的虚拟物体的定位）系统相结合的形式来实现的。

AR 的原理如下：通过计算机技术，将虚拟的信息应用到真实世界，真实的环境和虚拟的物体实时地叠加到了同一个画面或空间同时存在。增强现实提供了在一般情况下，不同于人类可以感知的信息。它不仅展现了真实世界的信息，而且将虚拟的信息同时显示出来，两种信息相互补充、叠加。在视觉化的增强现实中，用户利用头盔显示器，把真实世界与计算机图形多重合成在一起，便可以看到真实的世界围绕着它。增强现实借助计算机图形技术和可视化技术产生现实环境中不存在的虚拟对象，并通过传感技术将虚拟对象准确“放置”在真实环境中，借助显示设备将虚拟对象与真实环境融为一体，并呈现给使用者一个感官效果真实的新环境[11]。

由前述 AR 原理不难看出，AR 系统具有真实世界和虚拟世界的信息集成、实时交互等特点。

AR 应用领域如下：

---

[11] [转载]增强现实[EB/OL]. http://blog.sina.com.cn/s/blog_674c0b7c0101b38j.html, 2013-02-06/2017/9-15.

（1）医疗领域。医生可以利用 AR 技术，轻易地进行手术部位的精确定位。

（2）军事领域。军人可以利用 AR 技术，进行方位的识别，获得实时所在地点的地理数据等重要军事数据。

（3）古迹复原和数字化文化遗产保护。文化古迹的信息通过 AR 技术提供给参观者，用户不仅可以通过头戴显示器看到古迹的文字解说，还能看到遗址上残缺部分的虚拟重构。

（4）工业维修领域。通过头戴显示器将多种辅助信息显示给用户，包括虚拟仪表的面板、被维修设备的内部结构、被维修设备零件图等。

（5）网络视频通信领域。该系统使用 AR 和人脸跟踪技术，在通话的同时，在通话者的面部实时叠加一些如帽子、眼镜等虚拟物体，在很大程度上提高了视频对话的趣味性[12]。

5.1.5　骨传导交互技术

骨传导交互技术主要是一种针对于声音的交互技术，将声音信号通过振动颅骨，不通过外耳和中耳而直接传输到内耳的一种技术。骨传导振动并不直接刺激听觉神经，但它激起的耳蜗内基底膜的振动却和空气传导声音的作用完全相同，只是灵敏度较低而已。

在正常情况下，声波通过空气传导、骨传导两条路径传入内耳，然后由内耳的内、外淋巴液产生振动，螺旋器完成感音过程，随后听神经产生神经冲动，传递给听觉中枢，大脑皮层综合分析后，最终“听到”声音。简单一点说，就是我们用双手捂住耳朵，自言自语，无论多么小

[12] ARToolkit 技术预研报告[EB/OL]. https://wenku.baidu.com/view/ d7b9b92558fb770bf78a55fd.html, 2010-12-24/2017-06-04.

的声音，我们都能听见自己说什么，这就是骨传导作用的结果。

骨传导技术通常由两部分构成，一般分为骨传导输入设备和骨传导输出设备。骨传导输入设备，是指采用骨传导技术接收说话人说话时产生的骨振信号，并传递到远端或者录音设备。骨传导输出设备，是指将传递来的音频电信号转换为骨振信号，并通过颅骨将振动传递到人内耳的设备。

目前在智能眼镜、智能耳机等方面，骨传导技术是比较普遍的交互技术，包括 Google 眼镜也是采用声音骨传导技术来构建设备与使用者之间的声音交互。

1．骨传导交互技术原理

骨传导是声音信号通过振动颅骨，不通过外耳和中耳而直接传输到内耳。骨传导振动并不直接刺激听觉神经，但它激起的耳蜗内基底膜的振动图案却和空气传导声音的作用完全相同，只是灵敏度较低而以。例如，人听到自己咀嚼东西的声音是通过骨骼传输的，而人听到自己说话的声音则是通过骨传导和空气传导合成的声音结果。通常人们也并不需要利用自己的颅骨去感受声音，但是当外耳和中耳的病变使声波传递受阻时，则可以用骨传导来弥补听力[13]，如图 5.5 所示。

2．骨传导交互技术特点

骨传导是声音信号通过振动颅骨，不通过外耳和中耳而直接传输到内耳。骨传导振动并不直接刺激听觉神经，但它激起的耳蜗内基底膜的振动图案却和空气传导声音的作用完全相同，只是灵敏度与空气传导方式相比要低，骨传导具有如下明显的优势[13]。

---

[13] 骨传导技术及应用可研报告[EB/OL]. https://max.book118.com/html/2016/09004/53828358.shtm, 2016-09-04/2017-03-03.

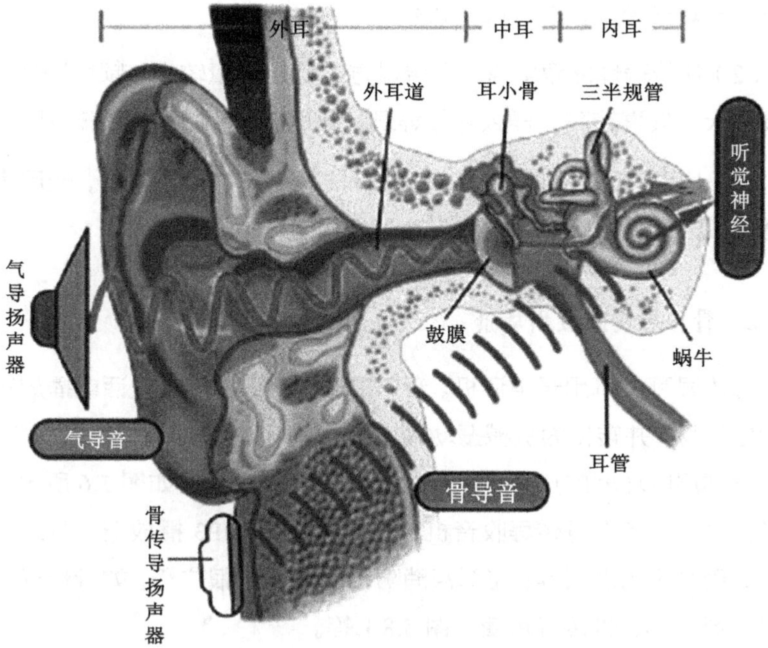

图 5.5　耳朵的构造

（1）无辐射危害，由于骨传导设备的主要部件骨振器是一个纯机械的振动部件，因此不存在电磁波对人脑的潜在辐射危害。

（2）抗干扰，由于骨传导不需要空气作为媒介，因此在强烈噪声环境下仍会有较高的清晰度。

（3）不损伤听力，骨传导不是直接通过音量放大来提高收听效果，因此不会对听力造成损伤。

（4）不影响接收环境中其他声音，骨传导收听方式不占用耳道，使用者在收听骨传导声音的同时，还可以听到周围环境的声音，既安全又舒适，更适用于一些特殊的场合。

前面介绍了骨传导的四大优点，另外也有其自身的缺点：

（1）由于技术条件的限制，普通骨传导产品要产生真正满意的立体声还有一定的难度，并且成本较高。

（2）从传输性能角度看，骨传导方式输出音量较小，频域较窄，低频衰减大，失真较高，导致骨传导录音和回放质量不如传统的耳机。

（3）从用户体验的角度看，一般骨传导产品携带不舒适，使用也不符合一般人的传统习惯，需要一个适应过程[14]。

3．骨传导交互应用场景

骨传导耳机可用于电话机、音乐播放器等，它接收电话或播放器传来的电信号，并转换为机械振动输出。由于不需要用耳塞堵住耳道，能随时听到周围环境的声音，比传统的耳机更加安全，如图 5.6 所示。除此耳机以外，还有骨传导收音机，骨传导水下 MP3 播放器，耳聋婴幼儿家庭用亲子语训仪等；在军警消防领域应用也很广泛，如骨传导军用耳机（图 5.7）、骨传导喉麦（图 5.8）等。

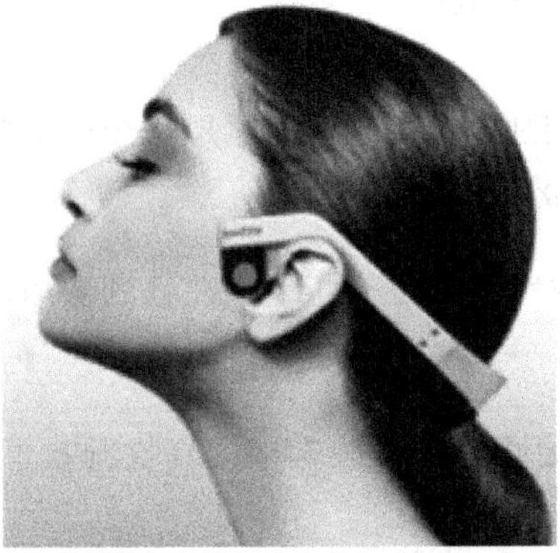

图 5.6　骨传导蓝牙耳机

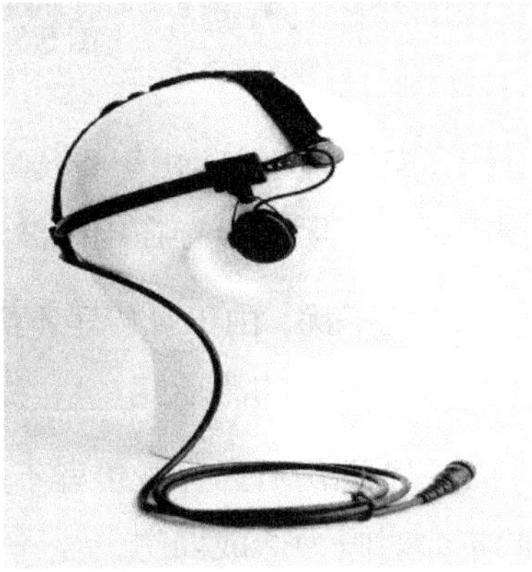

图 5.7　骨传导军用耳机

[14] 吕晖，朱宏勇，唐万林. 骨传导技术在应急救援装备中的应用[J]. 中国个体防护装备，2015 (5): 16-18.

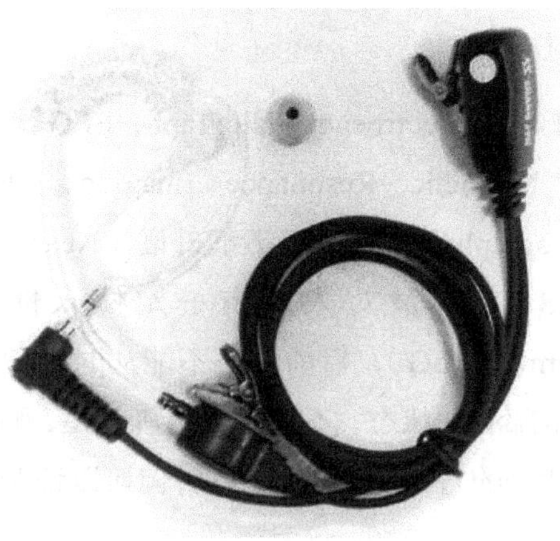

图 5.8　骨传导喉麦

5.1.6　脑波交互技术

脑波交互也可以理解为意识控制技术，这项技术在目前已经有了一定的探索，但还没有得到比较广泛的应用。可以说脑波交互技术将会是可穿戴设备产业的终极交互方式，不仅构建了人与设备之间，同时也构建了人与人之间的一种新的沟通方式。未来，我们借助于脑波交互技术，人与人之间将会达成充分的"默契"。同样，人与设备之间也将构建出一种新的人机交互方式，这种交互方式可以说是可穿戴时代的终极交互方式。

1．脑波交互技术原理

脑波交互技术主要是通过对人的脑电图（Electroencephalograph，EEG）进行采集和预处理（滤波等）、特征提取以及模式识别之后判断出人当前的意图，并将识别结果发送给计算机进而控制计算机本身的软件（比如游戏）或者外部的硬件设备（比如电视机）。

1）信号采集技术

21 世纪初，脑电（Electroencephalograph，EEG）、功能性磁共振成像（Functional Magnetic Resonance Imaging，FMRI）、脑磁（Magnetoencephalography，MEG）、近红外谱（Near Infrared Spectrum Instrument，NIRS），以及对人脑有一定侵入性的脑皮层电图（Electrocorticogram，ECoG），目前都还不能从时间和空间两个维度上准确刻画人脑的全部活动状态。不过可以明确的是，脑机接口中所用到的这些记录人脑活动的方式虽然精度不高，但可以证明人的主观意识是有物质基础的。

2）脑信号的转变

脑机接口中，EEG 等脑信号是载体，它从人脑传递到计算机，计算机从中识别出人的主观意图。这个过程中通过 EEG 载体，把人的主观意图从人脑直接传递给计算机，计算机将这个识别出来的主观意图转化为控制信号。

3）受控体

21 世纪初的脑机接口技术中有利用人脑来控制外部机设备或电脑鼠标的运动，也有输入字符的“虚拟打字机”，还有自动图片分类等应用。

2．脑波交互技术特点

脑波交互技术是一门新兴的研究领域，涉及计算机科学、神经科学、心理认知科学、生物医学工程、数学、信号处理、临床医学、自动控制等多个领域，仍有大量的问题尚待解决，目前主要存在以下问题：

（1）信号处理和信息转换速度慢。目前最大信息转换速度可达 68 bit /min，此速度与正常交流时所需的速度相差较大。

（2）信号识别精度低。目前，基于自发脑电的系统，对运动想象脑电信号进行的研究，2 类思维任务的识别率约为 90%，3 类任务得到其识别率在 80%左右，对 4 类运动得到的识别率仅有 70%左右。控制指令多时，识别率低的问题使其在实际应用中受到了严重的限制。

（3）信号采集和处理方法需改进。脑电信号采集过程中，夹杂着不少干扰成分，如肌信号干扰等，因此设计抗干扰能力强的脑电信号采集设备等问题有待解决；如何改善信号处理方法使之系统化、通用化，从而快速、精确、有效地设计出实用系统的问题也有待研究。

（4）自适应性较差。自适应性包括随时间和空间变化的自适应性和随自身变化的自适应性，目前系统的自适应性还比较差。

（5）缺乏能对系统的性能进行科学评价的量化标准。

总之，作为一种新兴的、复杂的、涉及多学科的通信技术，脑波交互技术的发展还很不完善，存在的问题还很多，有待于科研工作者们下大气力研究解决。不过也完全有理由相信，随着科学技术的逐步发展，前述问题会逐步得到解决，最终实现脑波交互技术全面融于人们的日常生活中[15]。

3．脑波交互应用场景

1）浏览器

一些展厅经常提供触屏展示设备给参观者了解展览信息，但是如果遇到残障人士或者连手指都懒得动一下的高贵客人，BCI 就发挥了用处。这些脑控浏览器不需要太复杂的交互，主要就是点击、前进、后退、滚动等操作。这些操作可以用不同的意识行为来控制。

2）轮椅控制

现有的轮椅需要别人来帮忙推，这需要有陪护人员时刻在身后；或

---

[15] 李勃. 脑机接口技术研究综述[J]. 数字通信，2013 (4): 5-8.

者自己用双手滚动轮子，这对于老年人和手部受伤、残障的人士来说太困难。但是轮椅的控制在逻辑上是很简单的，只需要前进、后退、左转、右转这样几个操作就可以了，通过一定的训练，完全可以让病患用意识来控制轮椅的操作。

3）假肢

缺失的肢体是由神经系统控制的，而神经系统原本就是大脑的一部分的延伸。如果假肢能够利用电子线路代替损坏的神经线路与大脑重新建立关联，那么假肢就不再是塑料或木头，而是可以控制的手指。即便要完成每个手指的精确移动这个任务难度太大，光是可以控制腿型假肢的移动就已经能够给无数残障人士带来很大的方便。美国的 Zac Vawter 是一名软件工程师，在一次车祸中丧失右腿。而他所使用的假肢，是通过检查腿部肌肉的神经来判断。这些信号通过假肢里的处理器计算之后，判断出使用者的意图。而他在 2012 年使用假肢爬上了芝加哥一座 2100 多级台阶的北美第一高楼——威利斯大厦（Willis Tower）。这个活动极大地宣传了脑控假肢的应用前景。

4）猫耳朵

这是个很萌的应用。日本一家公司开发了一个探测脑电波的头饰。当你开心的时候，你头箍上的猫耳朵就会立起来；当你难过的时候，猫耳朵就会垂下来。想象下你的女朋友戴着猫耳朵和你约会的时候，她的喜怒哀乐都可以由猫耳朵看出来，那就不需要费很大心思去揣测女朋友的心情了。对于不善于揣测女朋友心思的理工男来说，这个能很有效地避免两人的矛盾。

5）读心术

虽然我们前面讲了 BCI 是没法实现读心术的，但是总有人想要做出不可思议的事情。2008 年日本 ATR 计算神经科学实验室利用 fMRI 的技术分析大脑活动，成功显示出来一些分辨率 10×10 的图像。原理大致是由视神经激活大脑不同位置，fMRI 读取之后，找到图像和大脑位置间的规律。这个训练过程就得到了图像和大脑活动之间的模式关系。

在测试新的图片时，就可以读取激活的大脑位置，利用已经知道的模式来推算大概看到了什么。

6）意念控制

看过电影《阿凡达》的人一定不会忘记影片中这样一个桥段；在潘多拉星上，下身瘫痪的的前海军战士杰克・萨利躺在密封舱中，通过头上戴着的复杂设备，利用意念操控人造的混血阿凡达。当然，潘多拉星和阿凡达只是导演卡梅隆的虚构，利用意念操控阿凡达自然也不可能发生。但是你或许不知道，利用“意念”操控物体已经不再是人类的空想[16]。

Emotiv Epoc 意念控制器是美国加州旧金山的神经科技公司 Emotiv Systems 继英国埃塞克斯大学的科学家研发出附有电极的特殊帽子，以思想操控电脑之后，推出的神经头盔（neuroheadset），让使用者戴上之后，只需起心动念便可以操控眼前的电脑，通过意志和情感控制电玩游戏角色动作，如图 5.9 所示。

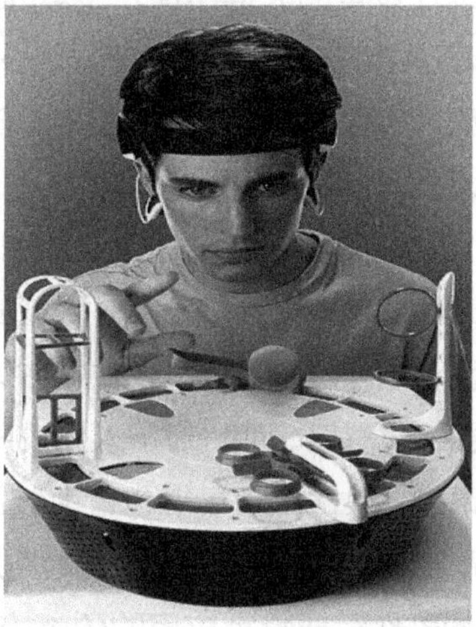

图 5.9　意念控制球

[16] 颜士州. 意念成真[J]. 科学 24 小时，2017 (1).

5.2 传感器技术

传感器是将物理、化学、生物等自然科学和机械、土木、化工等工程技术中的非电信号转换成电信号的换能器。相应的英文单词为 Sensor 或 Transducer。注意，若在英文文献中 Sensor 和 Transducer，甚至还有 Actuator 同时出现时，则 Transducer 应译为“换能器”，是指将自然科学和工程技术中的非电能量转换成电能的设备。而 Actuator 应译成“执行器”，定义为将电信号转换成物理、化学、生物等自然科学和机械、土木工程技术中的非电信号的换能器或转换为实际动作（如平动、转动、通断、发光、发声、发热等）的设备。

传感器是可穿戴医疗设备的关键器件之一。传感器及传感控制电路用于感知外部信号，以及搜集各类信号的反馈。核心控制器则用来处理、量测、分析信号，以及导入程序，然后做出反应。随着精密制造、半导体工艺以及微机电技术的发展，前端传感器模组以传感控制电路出现了轻薄短小的演进趋势，这些器件包括陀螺仪、加速度计、温度传感器、微型电极、微型光学元件、小型泵与压脉带、微型麦克风以及可挠性传感器等，传感器的小型化有助于实现穿戴式装置在医疗器材的身体接触部位的细微化，如可挠式传感器，可贴附于人体皮肤上进行生理信号的测量。在传感控制电路上，根据应用可能包含前级放大器、高精度模数转换器（ADC）、可调节滤波器、驱动电路与反馈机制等，传统医疗设备常以多颗不同功能的器件组成特定应用的传感控制电路，目前医疗专用的传感器控制 IC 的开发进程正在加快[17]。

传感器的特点包括：微型化、数字化、智能化、多功能化、系统化、

---

[17] 李会凯. 可穿戴医疗设备中的关键元器件解析[J]. 电子元件与材料，2014 (6): 83-84.

网络化。它是实现自动检测和自动控制的首要环节。传感器的存在和发展，让物体有了触觉、味觉和嗅觉等感官，让物体慢慢变得活了起来[18]。

5.2.1 传感器原理

传感器是可穿戴设备的核心器件之一，可穿戴设备中的传感器是人类感官的延伸，增强了人类“第六感”功能。传感器能感受到被测量的信息，并能将检测感受到的信息按一定规律变换成为电信号或其他所需形式的信息输出，以满足信息的传输、处理、存储、显示、记录和控制等要求。以常见的电子秤压力传感器为例，就是将秤上放置的物体的重量，转换电信号最终显示成能被大家熟悉的多少千克或多少克等数字，供人们衡量物体的重量。

5.2.2 传感器分类

可穿戴设备中使用的传感器种类繁多，下面根据传感器使用场景不同进行分类介绍。

1. 运动传感器

运动传感器包括加速度计、陀螺仪、磁力计、压力传感器（通过测量大气压力来计算海拔高度）。

---

[18] 张志忠. 可穿戴设备的传感器技术[EB/OL]. https://wenku.baidu.com/ view/846f28227f1922791788e875.html, 2016-10-13/2017-02-16.

主要功能：运动监测、导航、娱乐、人机交互。

国内传感器公司：美新半导体、明皜传感、矽睿科技、深迪半导体、士兰微电子、敏芯微电子等。

典型设备：Nike+FuelBand、Jawbone Up、Fitbit Flex、咕咚手环、Pebble、Geak Watch、InWatch、Galaxy Gear。

生命在于运动，运动是生命中不可或缺的重要组成部分。因此，通过运动传感器随时随地测量、记录和分析人体的活动情况具有重大价值：用户可以知道跑步步数、游泳圈数、骑车距离、能量消耗和睡眠时间等[19]。

2．生物传感器

生物传感器包括血糖传感器、血压传感器、心电传感器、肌电传感器、体温传感器、脑电波传感器等。

功能：健康和医疗监控、娱乐。

国内传感器公司：神念科技、敏芯微电子、芯敏微系统、纳芯微电子等。

典型设备：CardioNet MCOT™、康康血压、中卫莱康-腕式心电监测仪、iHolter（心安宝）、秘密意念猫耳朵。

健康预警、病情监控——借助可穿戴技术，医生可以提高诊断水平，家人也可以与患者进行更好的沟通。以康康血压为代表的可穿戴医疗设备，与专业医疗机构合作，长期对数以千万的用户身体数据进行追踪和

---

[19] 智能的中心——感应[EB/OL]. http://blog.sina.com.cn/s/blog_75fc5a100101ybfp.html, 2014-04-19/2017-04-05.

监测，分析提炼出医学诊断模型，预测和塑造用户的健康发展状况，为用户提供个体化心血管专项贴身医疗及健康管理方案，同时也帮助家人关怀亲人的健康状况[19]。

3. 环境传感器

环境传感器包括温湿度传感器、气体传感器、pH 传感器、紫外线传感器、环境光传感器、颗粒物传感器、气压传感器、麦克风等。

功能：环境监测、天气预报、健康提醒。

国内传感器公司：康森斯克电子、炜盛电子、艾谱科微电子、芯晨科技、敏芯微电子、芯奥微传感等。

典型设备：PM2.5 便携式检测仪、AirWaves 口罩、便携式个人综合环境监测终端。

环境监控，守护健康。马斯洛理论将人的需求分为五种，像阶梯一样从低到高，按层次逐级递升，分别为：生理上的需要、安全上的需要、感情上的需要、尊重的需要和自我实现的需要。现在生理上的需要一般都可以满足，接下来就是安全上的需要，也就是保证身心健康不受威胁的需要。事实上，人们经常会处于一些对健康有威胁的环境中，比如空气/水污染、噪声/光污染、电磁辐射、极端气候等。更可怕的是，很多时候我们身处于这样的环境中却浑然不知，如 PM2.5 污染，从而引发各种慢性疾病。借此市场机遇，初创公司羽承科技利用颗粒物传感器推出了目前市场上最小、最轻便的空气质量检测装置——PM2.5 便携式检测仪。该检测仪可佩戴在人体上，既可单独显示，也可结合手机使用并分享给好友[19]。

5.3 柔性电子技术（电子皮肤）

随着电子科学技术的不断发展，人们对健康的生活需求也不断提高，特别是对日常生活中电子器件的广泛应用有了更高的要求。在工业革命之前，人们都不敢想会有脱离手工劳动、进入电气时代的一天[20]。然而，通过人类无限的创新思维，能够满足人们新需求的各类创新技术层出不穷，柔性可穿戴电子就是其中之一。相对于传统电子，柔性电子具有更大的灵活性，能够在一定程度上适应不同的工作环境，满足客户对于设备的形变要求；但是相应的技术要求同样制约了柔性电子的发展。首先，柔性电子在不损坏本身电子性能的基础上的伸展性和弯曲性，对电路的制作材料提出了新的挑战和要求；其次，柔性电子的制备条件以及组成电路的各种电子器件的性能，相对于传统的电子器件来说也是其发展的一大难题。目前，柔性可穿戴电子的研究应用体现在人类生活的很多方面，如电子皮肤、可穿戴心脏除颤器、置于隐形眼镜中的柔性电路、柔性导电织物键盘、可穿戴式心电呼吸传感器、笔状可卷曲显示器、柔性压力监测鞋垫、薄膜晶体管和透明薄膜柔性门电路等。

基于柔性传感器构建的健康医疗监测系统越发成熟，出现了许多具有重要意义的产品与科研成果。McAlpine 等将数百条预先校准的硅纳米导线布设到塑料基底上，成功研发出一种柔性“纳米电子鼻”，开创了可穿戴/可植入生物化学传感应用的新领域。不仅仅局限于嗅觉，视觉以及其他不同类型的可植入传感设备相继出现，这些传感器被植入人

[20] 卢忠花，王卿璞，鲁海瑞，等. 柔性可穿戴电子的新进展[J]. 微纳电子技术，2014 (11): 685-691, 701.

体内，协助人们增强感知或监测人体的关键生命体征。CardioMEMS 近期研发了一种无线植入式血流动力学监测系统，该系统能长效性地监测心衰患者的肺动脉压。最近的临床研究验证了该设备的安全性和有效性。结果表明，与对照组相比，被植入该设备的心衰患者的住院率显著降低。还有研究者研发了一种固定于食管的胶囊状设备，该设备能监测 48h 内的 pH 水平，更好地诊断胃食管反流性疾病。柔性传感器皮肤，即嵌有密集分布传感器的大型柔性薄膜，研究不断深入。它取代传统的单点测量，能实现大面积的全覆盖测量。而且，还能通过在传感器皮肤中添加冗余器件来补偿传感器本身的不确定性和环境的影响。柔性传感器皮肤在机器人、健康医疗以及飞行控制等方面都有着非常广阔的应用空间。Rogers 等研发的一种表皮电子系统，用于测量电生理信号（心电图、肌电图等）、温度和应变。该系统能可逆地伸展 30%而不发生任何损坏或剥离，满足了自然情况下各种运动场景的需求，其聚合物背衬能被溶解掉，只留下电路依靠范式力附着于皮肤。而后，他们将太阳能电池和无线器件集成进来以实现自我供电。该系统的一大问题是在遇水或剧烈运动时较易脱落，为此，该团队在近期又研发了一种新的表皮电子系统。该系统总厚度仅为 0.8mm，且不需要聚合物背衬，能直接打印到皮肤上，而后利用市售的液体绷带作为黏合剂和密封剂[21]。

2013 年，P.J.Soh 等人研发了一种应用于生物医学遥测的可穿戴纺织阵列系统，这种系统与多个传感器联合，可以实现持续有效的病人信息检测。通过医疗传感器实现了居家患者与门诊监控人员对健康状况的信息交流。同年，J.Y.Cheng 等人设计了用于活动识别的敏感可穿戴式电容传感器。它由一个或多个导电织物垫集成在衣服上，可实现长时间的非侵入式监测，并在心率、呼吸率监测、手势识别、吞咽监控和步态

[21] 周学思，钟荣华，王天辉. 柔性传感技术及其在健康医疗领域中的应用[J]. 军事医学，2015 (11): 876-880.

分析等应用中具有显著效果[20]。

5.4 电池技术

随着可穿戴设备变得越来越流行，消费者都很关心设备的充电周期有多长。电池续航时间是消费者在决定购买哪种可穿戴产品时所考虑的最重要因素之一。目前可用于可穿戴设备的电池主要有以下几种。

1．能量收集

能量收集是指获取外部能量的过程，并且将这些外部能量转化成为电子能量。外部能量源包括动能（运动，震动，旋转），太阳能（光能），热能，压电（利用来源于运动的多余能量），甚至还有无线电波。

能量收集优势：能量收集可以帮助可穿戴设备变得更加独立，至少可以不需要过度依赖外接电源。太阳能可以与智能服装完美契合，因为这种方式可以从太阳吸收能量，并直接使用。热电能量收集可以为那些直接贴在皮肤上的设备提供一种解决方案，比如智能暖宝。这种能量源往往可以提供很高的能量。无损失能源可以在你运动时产生。

能量收集劣势：压电法产生的能量相对较小。通过运动所产生的动能，能被有效转化的也非常少。

2．锂离子电池

相比于过去的镍铬蓄电池，锂离子电池终于“占领”了绝大部分市场，一般而言，厂商会把锂离子电池制造成硬币形状，普及度也很高，普通的街边小店就能买到；应用范围也很广，计算器、可穿戴心率监测器都可以使用。不过，对于那些专用于可穿戴设备里的锂离子电池，通常是那种规格更小一些的纽扣电池（比如 CR1225）。还有一种比较受欢迎的锂离子电池，就是袋装电池，它会包含一堆电池，然后可以被放在一个塑料袋或是高分子聚合袋里面。袋装电池非常便于携带，因为它几乎可以放进任何小口袋里[22]。本书第 6 章中的大部分可穿戴设备都采用的锂离子电池。

锂离子电池优势：锂离子电池非常小，而且质量也很轻；只需少量维护保养，而且成本也非常低；绝大多数锂离子电池用完即可丢弃，因为它们对环境的损坏很小；长久耐用。

锂离子电池缺点：锂离子电池的体积越小，存储的电量也就越少；属于易损品，为了安全使用需要对电路进行有效保护；受制于老化问题；在生产制造阶段经常需要变化；袋装锂离子电池有爆炸的风险，因为电池和包装袋之间可能会产生能够引起爆炸的气体。

3．薄膜电池

薄膜电池是一种非常薄的电池。这种可充电式电池和锂离子电池使用的技术非常相似。

薄膜电池优势：薄膜电池是以平面形态开发的，这样可以适用于那些较薄的可穿戴设备，比如电子皮肤设备或某些测量可穿戴设备[22]；能支持高能量密度；可以根据不同目的，适用于任何规格的设备；十分安全。

薄膜电池缺点：薄膜电池的体积决定了它们的电力容量，因此，如果想要获得和纽扣电池一样的电量，就需要延展出更大的面积；由于它

---

[22] 电池的未来：各种可穿戴电池的优劣分析[EB/OL]. http://tech.xiancn.com/content/2015-10/26/content_3039110.htm, 2015-10-26/2017-04-16.

们非常薄,因此耗电速度会比较快,所以需要频繁充电确保长时间使用，这也让薄膜电池的使用范围变得更加局限,只能在一些小型可穿戴设备上使用。

4. 石墨烯电池

石墨烯电池是利用锂离子在石墨烯表面和电极之间快速大量穿梭运动的特性，开发出的一种新能源电池。石墨烯是从石墨材料中剥离出来、由碳原子组成的只有一层原子厚度的二维晶体。可以说，这种材料非常令人兴奋，目前很多科学家都在研究开发这种技术，预计未来电池的下一波浪潮就将由石墨烯电池来引领。

石墨烯电池优势:石墨烯电池被认为是目前所有电池类型中能量密度最高的；具有较高的电量存储能力。

石墨烯电池劣势:相比于其他类型的电池,石墨烯电池的价格更贵；目前仍在开发阶段。

5.5 通信技术

除了上述的几种技术以外,通信技术也是可穿戴设备必需的一种技术，可穿戴设备数据的采集需要靠可靠通信的通信链路进行传输。随着移动通信技术的发展，移动互联网日益普及，传统互联网已经在向移动互联网迁移，越来越多的家庭拥有智能手机和 iPad 等移动终端。大多数可穿戴式智能设备依托移动终端来进行数据的接收和分析,可以认为智能穿戴设备是一种基于移动互联网的、具有高性能低功耗特点的智能终端[23]。对于智能穿戴设备的应用而言，短距离无线通信技术更适合智能穿戴用户之间、智能穿戴设备与其他便携式电子设备之间的数据通信和信息共享。目前智能穿戴设备与终端的通信大部分是基于 WLAN、蓝牙、RFID 等短距离无线通信技术，下面将对这些通信技术进行一一介绍。

5.5.1 蓝牙

蓝牙（Bluetooth）是一种无线技术标准，可实现固定设备、移动设备和楼宇个人域网之间的短距离数据交换（使用 2.4 ~ 2.485GHz 的 ISM 波段的 UHF 无线电波[24]）。蓝牙是一种低成本、短距离的无线通信技术，并能够为移动设备提供互相通信，能够有效地简化可穿戴设备和智能手机等移动通信终端设备之间的通信，也能够成功地简化这些设备与 Internet 的通信，使这些现代通信设备与因特网的数据传输变得更加迅速高效，其有效传送距离为 10m 左右。

可穿戴设备采用蓝牙技术，具有低功耗以及可在单一平台提供连接性、灵活性、电源管理效益，大大提升软硬件设计人员的研发进程，为最终用户带来个性化的可穿戴设备。

蓝牙智能（通常被称为蓝牙低功耗或 Bluetooth LE）让受到功耗、尺寸限制的产品能够进行低功耗连接和基本数据传输，而不会像使用其他无线通信标准一样复杂，它能够帮助研制尺寸紧凑、电池寿命长、能无缝连接智能手机的蓝牙智能产品。最新引入的蓝牙 4.0 规范，拥有

---

[23] 肖征荣，张丽云. 智能穿戴设备技术及其发展趋势[J]. 移动通信，2015, (05): 9-12.

[24] 赵磊，李雨珊，桂桐. 近距离无线通信技术现状研究[J]. 科技视界，2015 (9): 100,180.

10～20 倍低于传统蓝牙的功耗，其设计了用深度睡眠状态来替换传统蓝牙的空闲状态，而当有数据传输需求时醒来，这种设计能够大大减少功耗，延长智能手机和平板电脑等终端产品的电池寿命。

蓝牙智能为消费电子领域带来重大创新，包括新型的基于手势的电视机遥控器、智能手表、运动器材，以及健康和健身、监控、家庭自动化产品，它还定义了一系列新的 Appcessories 各种无线智慧型应用配件。蓝牙智能就绪产品，如基于苹果 iOS 和其 API，使开发人员能够创建应用程序与智能蓝牙配件进行通信。

基于蓝牙智能可开发应用程序和附件，而无需等待标准配置文件通过蓝牙技术联盟制定和批准。创新者可以创建各种灵活、电池寿命长的蓝牙配件，为智能手机提供无缝连接。

5.5.2 WLAN（WiFi）

WLAN 的全称是 Wireless Local Area Networks，中文解释为无线局域网络，是一种利用射频（Radio Frequency，RF）技术进行数据传输的系统。WLAN 使用 ISM(Industrial、Scientific、Medical)无线电广播频段通信。WLAN 802.11a 标准使用 5GHz 频段，支持的最大速度为 54Mbps，而 802.11b 和 802.11g 标准使用 2.4GHz 频段，分别支持最大 11Mbps 和 54Mbps 的速度。目前 WLAN 所包含的协议标准有：IEEE802.11b 协议、IEEE802.11a 协议、IEEE802.11g 协议、IEEE802.11E 协议、IEEE802.11i 协议、无线应用协议（WAP）[25]。

---

[25] WLAN 和 WIFI 的区别与联系[EB/OL]. http://blog.sina.com.cn/s/blog_3f700b9f01013d33. Html, 2012-05-20/2017-05-05.

一般在网络建设中，施工周期最长、对周边环境影响最大的，就是网络布线施工工程。在施工过程中，往往需要破墙掘地、埋管穿线。而 WLAN 最大的优势就是免去或减少了网络布线的工作量，一般只要安装一个或多个接入点（Access Point，AP）设备，就可建立覆盖整个建筑或地区的局域网络[26]。WLAN 用于可穿戴设备中具有以下三个特点：

（1）使用灵活。在有线网络中，网络设备的安放位置受信息接入点位置的限制[41]，没预设网口的场所将无法使用网络设备。而 WLAN 建成后，在无线网的信号覆盖区域内任何一个位置都可以接入网络。

（2）经济节约。由于前述有线网络缺乏灵活性的特点，就要求网络规划者尽可能地考虑未来发展的需要，这往往导致预设大量利用率较低的信息接入点。而一旦网络的发展超出了设计规划，又要花费大笔费用进行网络改造。而 WLAN 可以避免或减少以上情况的发生。

（3）易于扩展。WLAN 有多种配置方式，能够根据需要灵活选择。这样，WLAN 就能胜任从只有几个用户的小型局域网到上千用户的大型网络，并且能够提供“漫游（Roaming）”等有线网络无法提供的特性。

5.5.3 ZigBee

ZigBee 是基于 IEEE802.15.4 标准的低功耗局域网协议。根据国际标准规定，ZigBee 技术是一种短距离、低功耗的无线通信技术。这一名称（又称紫蜂协议）来源于蜜蜂的八字舞，由于蜜蜂(bee)是靠飞翔和“嗡嗡”(zig)地抖动翅膀的“舞蹈”来与同伴传递花粉所在方位信息，

---

[26] 无线网络在农业中的应用[EB/OL]. https://wenku.baidu.com/view/f1afaf0816fc700abb68fca5. html，2013-04-02/2017-04-16.

也就是说蜜蜂依靠这样的方式构成了群体中的通信网络。其特点是近距离、低复杂度、自组织、低功耗、低数据速率。主要适合用于自动控制和远程控制领域，可以嵌入各种设备。简而言之，ZigBee 就是一种便宜的、低功耗的近距离无线组网通信技术。ZigBee 是一种低速短距离传输的无线网络协议。ZigBee 协议从下到上分别为物理层（PHY）、媒体访问控制层（MAC）、传输层（TL）、网络层（NWK）、应用层（APL）等。其中物理层和媒体访问控制层遵循 IEEE 802.15.4 标准的规定。

ZigBee 译为"紫蜂"，它与蓝牙类似，是一种新兴的短距离无线通信技术，用于传感控制应用（Sensor and Control）。由 IEEE 802.15 工作组提出，并由其 TG4 工作组制定规范[27]。

ZigBee 用于可穿戴设备中具有以下几方面特点：

（1）低功耗。在低耗电待机模式下，2 节 5 号干电池可支持 1 个节点工作 6 ~ 24 个月，甚至更长。这是 ZigBee 的突出优势。相比较，蓝牙能工作数周，WiFi 可工作数小时。

（2）低成本。通过大幅简化协议（不到蓝牙的 1/10），降低了对通信控制器的要求，按预测分析，以 8051 的 8 位微控制器测算，全功能的主节点需要 32KB 代码，子功能节点少至 4KB 代码，而且 ZigBee 免协议专利费，每块芯片的价格大约为 2 美元。

（3）低速率。ZigBee 工作在 20 ~ 250kbps 的速率，分别提供 250 kbps（2.4GHz）、40kbps（915 MHz）和 20kbps（868 MHz）的原始数据吞吐率，满足低速率传输数据的应用需求。

（4）近距离。传输范围一般为 10 ~ 100m，在增加发射功率后，亦可增加到 1 ~ 3km。这指的是相邻节点间的距离。如果通过路由和节点

[27] ZigBee 智能家居基础扫盲[EB/OL]. http://blog.csdn.net/wdjhzw/article/details/30251029, 2014-06-12/2017-05-03.

间通信的接力，传输距离将可以更远。

（5）短时延：ZigBee 的响应速度较快，一般从睡眠转入工作状态只需 15ms，节点连接进入网络只需 30ms，进一步节省了电能，而蓝牙需要 3 ~ 10s，WiFi 需要 3s。

（6）高容量：ZigBee 可采用星状、片状和网状网络结构，由一个主节点管理若干子节点，最多一个主节点可管理 254 个子节点；同时主节点还可由上一层网络节点管理，最多可组成 65000 个节点的大网。

（7）高安全：ZigBee 提供了三级安全模式，包括无安全设定、使用访问控制清单（Access Control List，ACL）防止非法获取数据以及采用高级加密标准（AES 128）的对称密码，以灵活确定其安全属性。

（8）免执照频段：使用工业科学医疗（ISM）频段，即 915MHz（美国），868MHz（欧洲），2. 4GHz（全球）。

5.5.4 UMB

UWB(Ultra Wideband)是一种无载波通信技术，利用纳秒至微微秒级的非正弦波窄脉冲传输数据。有人称它为无线电领域的一次革命性进展，认为它将成为未来短距离无线通信的主流技术。

UWB 是一个既古老又崭新的研究领域。回顾 UWB 的发展历史，可以说首个 UWB 信号是 Hertz 在 1887 年设计产生的。2002 年，美国正式将 3.1 ~ 10.6 GHz 频带向作为室内通信用途的 UWB 开放，标志着 UWB 开始用于民用无线通信。随后几年中，一些国家和地区如日本、新加坡和欧盟等的无线电管理部门都颁布了类似的法令。中国从 2006 年开始进行 UWB 频谱规划的准备工作，经过 2 年多的调研，2008 年 12 月 12 日，中国自己的 UWB 频谱规划正式发布，包括 UWB 信号的射频指标、应用场所限制、设备核准等方面的内容。目前在工业和信息化部的支持下，一批科研机构、高校和企业正在联合进行 UWB 技术标准化的工作[28]。

1. UWB 原理及特点

UWB 无线通信是一种不用载波而采用时间间隔极短（小于 1ns）的脉冲进行通信的方式，也被称为脉冲无线电（Impulse Radio）、时域（Time Domain）或无载波（CarrierFree）通信。与普通二进制移相键控（BPSK）相比，这种通信方式占用很宽的带宽，且由于频谱的功率密度极小，其具有通常扩频通信的特点，可以满足不同类型的短距离通信要求，是一种与传统技术有很大区别的无线通信技术，能够实现无线局域网（LAN）和个人区域网（PAN）中无线接口的互联和接入，这种技术也越来越多的受到人们的关注，在各领域都有了一定应用[29]。

由香农信道容限公式

$$C=B\log_2(1+PBN_0) \tag{5.1}$$

式中：B 为信道带宽，为高斯白噪声功率谱密度；P 为信号功率。可知，增大通信容量有两种实现方法：一是通过增加信号功率 P，也就是提高信噪比；二是增大传输带宽 B。由式（5.1），信道容量 C 与信道带宽呈线性增长，与信号功率 P 呈较为缓慢的对数增长，因此增加信号的带宽比增加信号的功率更有效。UWB 无线电技术就是通过增大传输带宽来获得高的传输速率的。

由于在通信方式上的本质区别，使 UWB 系统的技术优势非常明显：

---

[28] 刘琪，闫丽，周正. UWB 的技术特点及其发展方向[J]. 现代电信科技，2009 (10): 6-10, 18.

[29] 张博. UWB 超宽带通信技术在无线医疗监护体系中的应用前景[J]. 计算机与数字工程，2012 (10): 67-69, 118.

（1）传输速率高。UWB 的传输速率为几十兆比特每秒至几吉比特，具有支持未来高容量无线通信的巨大潜力。

（2）良好的系统共存能力。与传统无线通信技术相比，UWB 不需要产生正弦载波信号，可以直接发射冲激脉冲序列，因而具有很宽的频谱。根据 Shannon 公式，在信道容量一定的情况下，带宽与信噪比可以互补，因此 UWB 系统发射的功率谱密度可以非常低，甚至低于 FCC 规定的电磁兼容背景噪声电（-41.3dBm-FCC Part15），所以短距离 UWB 无线通信系统与其他窄带无线通信系统可以共存，提高频谱利用率。

（3）系统结构简单。UWB 不需要传统通信所需要的变频器、本地振荡器、混频器等，因此体积小，系统的结构比较简单。UWB 信号的处理也比较简单，只需使用很少的射频或微波器件，射频设计简单，可以将脉冲发射机和接收机前端集成到一个芯片上，其收发信机的结构简单，成本低。

（4）安全性高。由于 UWB 发射功率谱密度很低，信号隐蔽在环境噪声和其他信号之中，用传统的接收机无法接收和识别，具有隐蔽性好、截获率低、保密性好等非常突出的优点，这是其在军事通信领域得以应用的一大原因，同时也能很好地满足现代通信系统对安全性的要求。

（5）抗多径衰落能力强。由于 UWB 无线电信号发射的冲激脉冲占空比极低，系统有很强的多径分辨力，高分辨能力使落入最小可分辨间隔内的多路径条数大大减小，而可分辨的多路径数目则大大增加，这将大大降低无线通信信号的衰落程度，使其有很强的抗多径衰落的能力，且很适合采用 Rake 接收技术。

（6）功耗低。由于 UWB 信号的扩频处理增益比较大，平均发射功率很低，使超宽带技术在实现同样传输速率时，功率消耗仅有传统技术的 1/10~1/100。即使采用低增益的全向天线，也可使用小于 1mW 的发射功率实现几公里的通信。

2. UWB 技术的重点应用领域

UWB 的应用领域十分广泛，总结起来有 3 个方面：雷达成像系统（包括穿地雷达、墙中成像雷达、穿墙成像雷达、医学成像系统、监视系统等）、高速无线通信系统、精确测量定位系统（包括车载雷达、精密测量和传感定位系统）。在雷达成像应用中，主要以 UWB 穿墙成像雷达为主。目前国外已有用于军事、抢险、反恐、资源探测方面的 UWB 穿墙成像雷达产品，这类产品主要依据的是 FCC 制定的频谱限值要求，最大平均等效全向发射功率（EIRP）不超过-41.3dBm/MHz，工作频段在 2GHz 以上。UWB 穿墙成像技术产品往往都是利用持续时间极为短暂的 UWB 信号脉冲穿过一定厚度的墙壁，通过设置在成像设备上的信息屏幕，获取墙壁另一侧的物体（运动）信息。此外，大地探测雷达也可以应用 UWB 技术，其工作原理与穿墙雷达是相仿的。

在高速无线通信应用中，UWB 可以作为一种短距离高速传输的无线接入手段，非常适合支持无线个域网的应用。UWB 将通过支持无线 USB 的应用，取代传统的 USB 电缆，使无线高速 USB 应用成为可能。UWB 可应用于移动通信、计算机及其外设、消费电子、信息安全等诸多方面，如家用高清电视图像传送、数字家庭宽带无线连线、消费电子中高速数传输、高清图片及视频显示、汽车视频与媒体中心等。在精确定位应用中，UWB 由于其高分辨率，在精确测量定位系统中得到了广泛应用，汽车防碰雷达系统（车载 UWB 雷达）就是一个典型的例子。车载 UWB 雷达主要应用在 24 GHz 频段[30]。

3. 超宽带无线通信技术应用中存在的问题

1）无线局域网络安全问题

---

[30] 王树立. UWB 通信系统中信号设计及调制方法的研究[D]. 南京：南京信息工程大学，2008.

随着无线局域网应用领域的不断拓展，其安全问题也越来越受到重视。在有线网络中，可以清楚辨别哪个客户端连接在网线上。无线网络与此不同，由于无线局域网采用公共的电磁波作为载体，电磁波能够穿过天花板、玻璃、楼层、砖、墙等物体，因此在一个无线访问点所服务的区域中任何一个无线客户端都可以接收到，包括并不希望他接收数据的客户端。因此在无线局域网中，只要有与和无线局域网设备工作在同一个频段的设备，任何人都有条件窃听，为了阻止非授权用户访问无线网络，以及防止对无线局域网数据流的非法侦听，在无线局域网的应用当中引入相应安全的手段。无线信号的干扰问题在大范围的应用环境中，往往需要采用多个 AP 覆盖一片较大区域。为了能够做到客户端在这片区域内的无缝漫游，每个相邻的 AP 的覆盖范围都需要有一定程度的重叠。重叠区域内的无线电信号如果频道也重叠，势必会造成冲突，影响到网络传输速率，因此，相邻 AP 通常采用不重叠频道的方法来避免干扰。

2）数据的可靠性问题

在数据传递过程中，加密可以保护信息不被破解，但是无法保证数据的真实性和完整性，所以部署无线系统的时候必须为其提供匹配的认证机制。在使用的无线系统带有认证机制的情况下可以直接利用，但是与加密一样，要保证认证机制与其他应用系统能够协同工作。

4．未来 UWB 的发展方向

目前除了 UWB 实现的关键技术之外，UWB 研究还有一些新的方向，如 UWB 与认知无线电（Cognitive Radio，CR）结合的认知超宽带和基于协作模式的 UWB 定位研究。

1）认知超宽带系统

CR 是一种智能的无线电技术，它具有学习能力，能与周围环境交互信息，以感知和利用在该空间的可用频谱，并限制和降低冲突的发生。CR 与 UWB 都是提高频谱利用率的技术手段，所以 CR 与 UWB 结合，具有广阔的应用场景。认知超宽带是一种基于频谱感知的具有自适应发射功率谱密度和灵活波形的新型超宽带系统。该系统的基本原理主要是利用 CR 能够感知周围频谱环境和 UWB 系统易于数字化、软件化的特性，依据感知得到的频谱信息和动态频谱分配策略来自适应地构建 UWB 系统的频谱结构，并生成相应的频谱灵活的自适应脉冲波形，根据信道的状态信息进行自适应的发射与接收。

2）基于协作模式的 UWB 定位技术

目前在反恐、应急、救援等应用中，室内定位是一个关注的热点。室内无法利用 GPS、北斗等卫星定位系统，需要采用新的技术实现室内定位。UWB 凭借其准确的定位优势，采用协作模式与 GPS 等室外定位系统结合，实现全方位立体化的定位。美国军方就在研究 UWB 室内定位系统，以部分已知坐标 GERAN／UTRAN/cdma2000 1X 网络后的语音连续性。为此 3GPP 提出了基于 IMS 的 SR- VCC 方案，此方案支持将分组域的语音业务切换到电路域，但需要运营商部署 IMS 系统。由于 IMSSR-VCC 方案需要额外投资，从而增加运营成本，且 IMS 技术复杂，相关标准及产业化工作尚在进一步推进中，因此预计此方案在近几年中难以被运营商大规模采用[31]。

[31] 刘琪，闫丽，周正. UWB 的技术特点及其发展方向[J]. 现代电信科技，2009 (10): 6-10, 18.

5.5.5 RFID

射频识别（RFID）又称无线射频识别，是一种能够通过射频信号识别目标并进行数据交换的非接触式自动识别技术。RFID 技术凭借数据容量大、读写速度快、稳定性高、使用寿命长等优点得到了广泛应用。特别是在军事领域，RFID 技术在装备管理、后勤保障及作战演习等方面已经展现出特有的优势，受到了众多国家的重视。

1. RFID 技术的起源与发展

RFID 技术最早起源于雷达技术的发展及应用。第二次世界大战期间，英军根据雷达工作原理开发了敌我飞机识别系统，避免误伤己方飞机，对当时的侦察工作起到了举足轻重的作用。1948 年，Harry Stock-man 发表了题为“Communication by Means of Reflected Power”一文，为 RFID 技术的发展奠定了理论基础。此后，RFID 技术得到了不断的发展。

20 世纪 50 年代，RFID 技术的研究处于探索阶段，基本上以理论研究为主，发表了大量的文章。60 年代，是 RFID 技术初步发展阶段，伴随电子物品防盗系统的产生，开始了 RFID 技术在应用方面的尝试。70 年代，RFID 技术成为人们研究的热门话题，并在这段时期得到了快速发展，出现了一系列的研究成果，如车辆识别及自动化工厂等。80 年代，RFID 技术更加成熟，很快进入商业应用阶段，美国、日本以及欧洲多个国家在不同的领域都开始使用 RFID 系统。90 年代，RFID 技术得到了迅猛的发展。1991 年，在美国俄克拉荷马州出现了世界上的第一个高速公路电子收费系统，该系统很快得到了大规模的应用，这在 RFID 技术的发展史上具有划时代的意义。

进入 21 世纪后，RFID 技术的发展达到高潮，米粒大小芯片的产生、纸质芯片封装技术的实现以及天线技术的发展都为新功能 RFID 系统的出现起到了极大的推动作用，RFID 技术拥有了更为广阔的应用前景[32]。

2. 系统组成

典型的射频识别系统由电子标签、读写器和后台数据管理系统组成，如图 5. 10 所示。

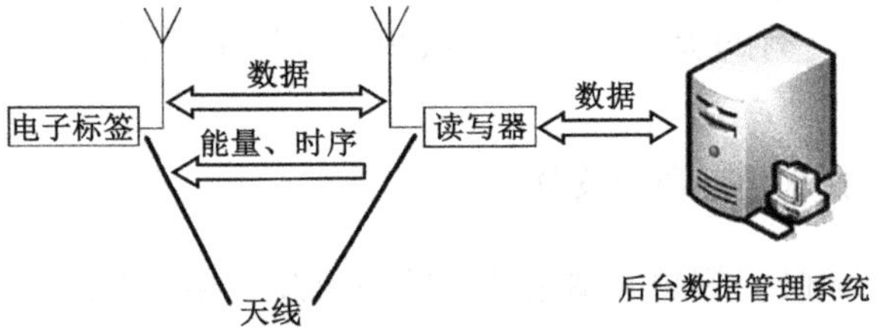

图 5.10 RFID 系统组成

1）电子标签

电子标签也称为射频标签或应答器，由耦合元件、芯片以及天线组成，每个标签具有独一无二的电子编码，一般附着在被标识的物体表面，是 RFID 的数据信息载体，通常用来保存固定格式的数据。按照数据调制方式的不同，电子标签一般可分为被动式、半主动式和主动式三类。表 5.1 对三种形式的标签做了比较。特别要注意的是，半主动式标签也有内部电源，但只为内部计算提供能量，与读写器间实现数据通信所需的能量仍然要从读写器所发射的电磁波中获取。

表 5.1 电子标签三种形式的特点

方式	能量来源	特点
被动式	电磁感应	价格低廉、体积小、工作寿命长、工作距离较短（一般 20～40cm）、容量小（128 字节）

[32]任少杰，郝永生，许博浩. 射频识别技术综述[J]. 飞航导弹，2015 (1).

续表

方式	能量来源	特点
半主动式	电磁感应、电池	较被动式反应速度更快、容量更大、工作距离更远；较主动式寿命更长
主动式	自身电池	读取距离长（可达 100m）、容量大（16k 字节）、对信号强度要求低、寿命较短（2~4 年）

2）读写器

读写器又叫阅读器或射频卡，主要由射频模块（包括接收单元和发送单元）、控制模块及读写天线构成，一般分为固定式和手持式。读写器通过电感耦合或电磁反向散射耦合与电子标签进行数据通信。另外，读写器能够向上位机提供一些必要的信息，实现与数据管理系统的数据交换。

3）后台数据管理系统

一个完整的后台数据管理系统主要由中间件、信息处理系统和数据库组成，用来存储、处理 RFID 系统的相关信息。作为后台数据管理系统的一个重要组成部分，中间件是一个独立的系统软件或服务程序，能够对数据进行过滤和处理，还具有对读写器进行协调控制和降低射频辐射等功能。

3. 工作原理

RFID 系统的工作原理可以用下述流程总结：

（1）读写器通过天线向周围环境发出一定频率的射频信号，检查是否有标签存在。

（2）当标签进入读写器的有效扫描范围时，产生的感应电流使标签获得能量并被激活。

（3）标签通过自身的天线向读写器发送自身电子编码或其他数据。

（4）读写器接收信号后对其进行解调和解码等处理，然后，通过串口或网口发送到后台数据管理系统。

（5）后台数据管理系统根据逻辑运算验证该标签的合法性，针对不同的需求做出相应的处理并发出指令信号[32]。

4. 系统分类

RFID 系统的分类方式很多，常见的分类方式如下：

按能源供给方式。有源系统、无源系统和半有源系统；按技术实现手段：广播发射式系统、倍频式系统和反射调制式系统；按工作方式：全双工系统、半双工系统和时序系统；按作用距离：密耦合系统、遥耦合系统和远距离系统；按工作频率：低频系统、高频系统、超高频系统和微波系统。

工作频率一般指的是电子标签与读写器之间进行数据交换时所使用的射频信号频率，作为 RFID 系统的一个重要参数指标，工作频率的频段选取直接影响系统的经济成本、通信距离、应用场合以及使用寿命等。表 5.2 给出了几种常见工作频段 RFID 系统的特性、参数及应用[32]。

表 5.2 常见系统的特性参数及应用

	低频系统	高频系统	超高频系统	微波系统
工作频段/MHz	0.1 ~ 0.3	10 ~ 15	860 ~ 960	2450 以上
常见频率/MHz	0.125，0.1342	13.56	869.5，915.3	2450，5800
距离/m	<0.5	<1	1 ~ 10	<100
速率	低	低至中	中至高	高
耦合方式	电感	电感	电磁	电磁
缺点	易受外界电磁环境影响	通信距离较小	穿透性不强	“驻波无效”、成本较高
典型应用	畜牧业、停车场、门禁	图书馆、货架、门禁	生产自动化、物流	自动收费、物品标识

5．存在的问题

1）技术问题

RFID 技术问题主要体现在三个方面：首先是标签所附物品自身也是一种介质，会对电磁信号产生一定的影响，尤其是金属介质对电磁波信号的屏蔽；其次是碰撞问题，当多个标签以相同的工作频率向读写器发送信号时，会使读写器难以分辨，这常会造成信息的错误读取，目前虽然有不确定性和确定性两种碰撞算法，但分别存在过程复杂、延时长、信息泄露多等问题；最后是标签天线的方向问题，标签天线的相对位置及方向选取不正确可能会产生信号盲区，在一定程度上影响信息的可读性。

2）标准问题

目前，在 RFID 技术领域存在诸多国际标准，如 ISO、EPC Global、UID(Ubiquitous ID)等，分别以在欧洲、美国和日本应用为主，这就造成了无法完全统一的局面，在某种程度上制约了 RFID 技术的发展。一个统一的国际标准既可以确保不同生产厂商生产的标签和读写器的通用性，又能相互推动 RFID 技术的发展，促进全球范围内 RFID 市场需求的增长。

3）成本问题

任何产品在生产之前必须考虑的一个因素就是成本。RFID 技术能给人们生活带来很大的便利，但现阶段，若大规模地推广应用势必造成巨大的经济负担。因此，作为影响 RFID 技术发展的重要因素，成本问题亟需更先进的技术来解决。

4）安全问题

RFID 系统的应用安全状况不容乐观，到目前为止，仍然没有可靠的安全机制。现有的 RFID 系统很难在满足特定应用需求的同时解决保密性、信息泄露和可追踪性等问题。如果 RFID 系统的安全性得不到保证，用户之间的可信度将大大降低，这将成为制约 RFID 技术广泛应用的重要因素之一。

6. 发展趋势

根据 RFID 实际应用中所暴露的问题以及国外的研究经验可知，RFID 技术的大范围推广还有一段路要走。在这个过程中，必将涉及以下几个方面：

（1）要考虑 RFID 技术与其他技术的融合，发挥各自的优势，实现多技术的完美结合。

（2）要注重电子标签、天线以及阅读器的创新与设计，更大程度地节约成本。

（3）要向标准化方向发展，从长远讲，有国际化的标准才能规范 RFID 产品的研发和生产，真正实现全球通用的目的。

（4）要着重开发 RFID 技术高频段的应用，高频段识别距离远、体积小、安全性高等优势应更广泛地得到应用。

（5）RFID 技术的安全性也将受到足够的重视。

总之，RFID 技术将朝着标准化、新型化、低廉化、高频化及安全化方向发展[32]。

5.5.6 NB-IoT 技术

NB-IoT（Narrow Band Internet of Things，窄带蜂窝物联网）作为 3GPP R13 一项重要课题，其对应的 3GPP 协议相关内容获得了 RAN 全会批准，正式宣告了这项受无线产业广泛支持的 NB-IoT 标准核心协议历经 2 年多的研究终于全部完成。NB-IoT 构建于蜂窝网络，只消耗大约 180kHz 的带宽，可直接部署[33]于运营商的 GSM、UMTS、LTE 网络中，与现有移动通信网络构成一个整体覆盖。

NB-IoT 支持低功耗设备在广域网的蜂窝数据连接。NB-IoT 支持待机时间长、对网络连接要求较高设备的高效连接。NB-IoT 芯片具有极低功耗，同时还能提供非常全面的室内蜂窝数据连接覆盖。NB-IoT 技术的引入及网络的完善部署，会大大解决目前穿戴设备对手机终端移动网络的依赖，同时解决功耗、数据即时传输、即时共享的问题。

移动通信正在从人和人的连接，向人与物以及物与物的连接迈进，万物互联是必然趋势。然而当前的 4G 网络在物与物连接上能力不足。事实上，相比蓝牙、ZigBee 等短距离通信技术，移动蜂窝网络具备广覆盖、可移动以及大连接数等特性，能够带来更加丰富的应用场景，理应成为物联网的主要连接技术。

对于电信运营商而言，车联网、智慧医疗、智能家居等物联网应用将产生海量连接，远远超过人与人之间的通信需求。

NB-IoT 具备四大特点：一是广覆盖，将提供改进的室内覆盖，在同样的频段下，NB-IoT 比现有的网络增益 20dB，相当于提升了 100 倍覆盖区域的能力；二是具备支撑海量连接的能力，NB-IoT 一个扇区能够支持 10 万个连接，支持低延时敏感度、超低的设备成本、低设备功耗和优化的网络架构；三是更低功耗，NB-IoT 终端模块的待机时间可长达 10 年；四是可控的模块成本[34]。

NB-IoT 也有一些不足，比如在数据传输速率上智能支持低速率要求

[33] 申万宏源：维持平头震荡观点[EB/OL]. http://cs.com.cn/gppd/jnqs/sdqs/201606/t20160622_4995791.html, 2015-06-22/2017-05-13.

[34] 华为发布“MBB 2020 战略”，4.5G 开启演进之路[EB/OL]. http://news.163.com/15/1111/09/B84OJAHN00014AED.html, 2015-11-11/2017-05-03.

数据的传输，对于如实时声音，实时影像等高速率数据传输则很难胜任。

目前国内各大运营商都开始在个别实验城市部署 NB-IoT 网络，并取得了不错的经验。国内越来越多的行业开始拥抱该技术，如共享单车等。不久的将来，NB-IoT 网络会全国部署，成为物联网、可穿戴设备的关键信息通路。

本章从交互技术、传感技术、电池技术、通信技术等方面详细介绍了可穿戴设备可能用到的前沿技术细节，这些技术在常见的可穿戴医疗设备中大都会涉及一项或多项，以智能听诊器为例就涉及了传感技术、电池技术、通信技术等。在第 6 章的可穿戴医疗设备中，将随处可见这些技术的应用场景。

第6章

典型可穿戴医疗设备

可穿戴设备的发展已进入高速发展期，各种产品层出不穷，而可穿戴医疗设备以其便携性和智能性成为监测人体体征的首选。目前可穿戴医疗设备在医院的应用主要是针对医院护理的应用[1]，同时在家庭环境中也能测量一些重要的体征参数，比如可穿戴医疗设备可以对使用者的血压、心率、血氧饱和度和体温等人体生命体征进行监测。

6.1 智能听诊器

6.1.1 认识听诊器

听诊器（stethoscope），是内外妇儿医师最常用的诊断用具。它操作简单，无害，易于携带，可广泛应用于呼吸道、心血管、肠道消化道等多个领域的初步诊断及监控。听诊器，自问世 200 余年来深得医生喜爱，称为医生的标志。作为医生的耳朵，是临床初步诊断中“望触扣听”的“听”的必需工具，如图 6.1 所示。

---

[1] 徐蕾，陈敏亚. 可穿戴医疗设备在医疗监测系统中的应用[J]. 中国数字医学，2015,(05): 23-24,35.

图 6.1 听诊器

6.1.2 传统听诊器的前世今生

早在古希腊时期，希波克拉底就提出应用直接听诊法检查病人，即医生将自己的耳朵直接贴于病人的胸膛探听胸腔内各脏器的活动情况，如图 6.2 所示。这种方法尽管有诸多缺点，如当遇到不太讲究卫生的病人时，医生非常不情愿检查病人；当遇到女性尤其是年轻女病人时，这样的检查对医患双方来讲都是十分尴尬的事；用在肥胖病人身上效果不是很明显。但由于条件所限，两千多年来它一直被作为一种有效的检查手段沿用[2]。

之后，La ē nnec 开始使用各种材料不断尝试，经过多年实验，设计制造了世界上第一个木质听诊器。1819 年，他出版了一本书名很长的书：《论间接听诊法及主要运用这种新手段探索心肺疾病》，从此“间

[2] 王斌全，赵晓云. 听诊器的发明与发展[J]. 护理研究，2007, (06): 563.

接听诊法”横空出世。书中详细介绍了听诊器设计原理，而且此书连同听诊器一起出售[3]。从那时起，听诊器逐渐成为每个医生必备的诊断工具，如图 6.3 所示。

图 6.2 传统听诊方式（1）

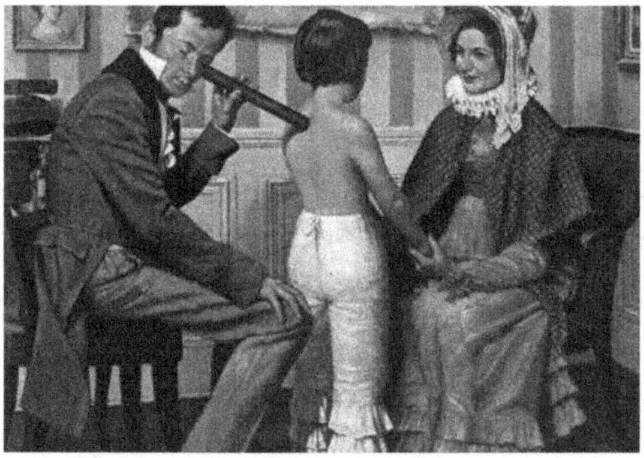

图 6.3 传统听诊方式（2）

人们不断地对听诊器进行升级改造。1828 年，听诊器的钟件变成

[3] 杨震. 和医生 聊聊听诊器那些事儿[EB/OL]. http://chuansong.me/n/1050773, 2015-01-05/2017-05-13.

漏斗形，耳件变小。其声学结构更有助于提供质量更高的听诊音，如图 6.4 所示。

1843 年，双耳听诊器出现，如图 6.5 所示。

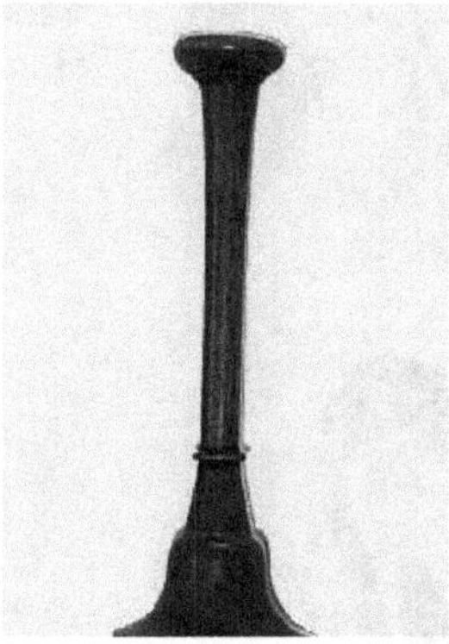

图 6.4　漏斗形听诊器

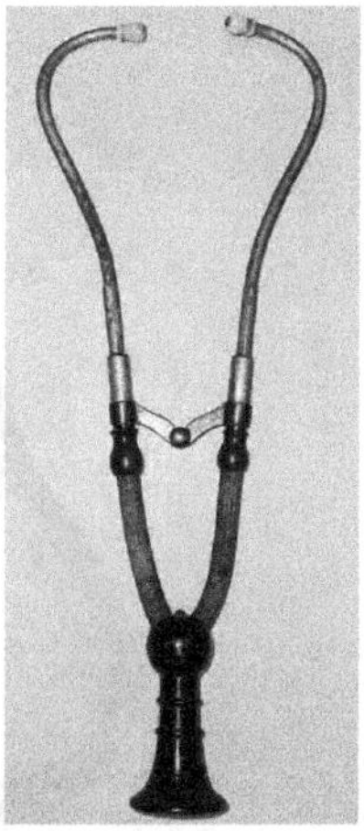

图 6.5　双耳听诊器

1851 年，听诊器胸件上安装了有弹性的薄膜。

1855 年，双耳听诊器出现了可弯曲的管子。

1894 年，带硬质震动膜的听诊器出现，称为“扩音听诊器”[3]，也就是目前传统听诊器的原型，如图 6.6 所示。

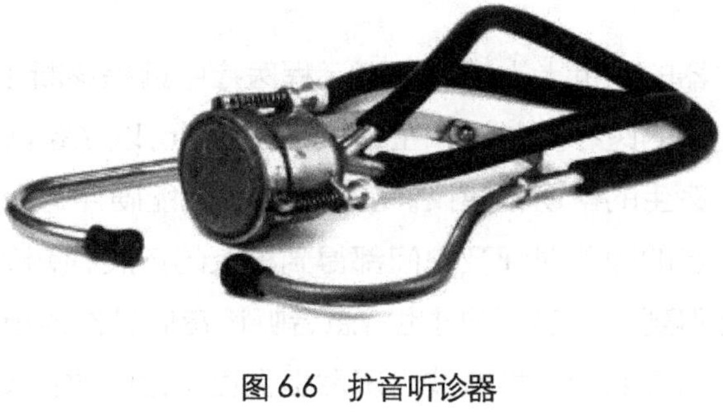

图 6.6　扩音听诊器

21 世纪初，3M 公司推出了首款电子听诊器 littmann，能将声音通过电子放大并加以存储，为医疗教学和科研提供了便利，如图 6.7 所示。这标志着听诊器进入了电子数字化时代。

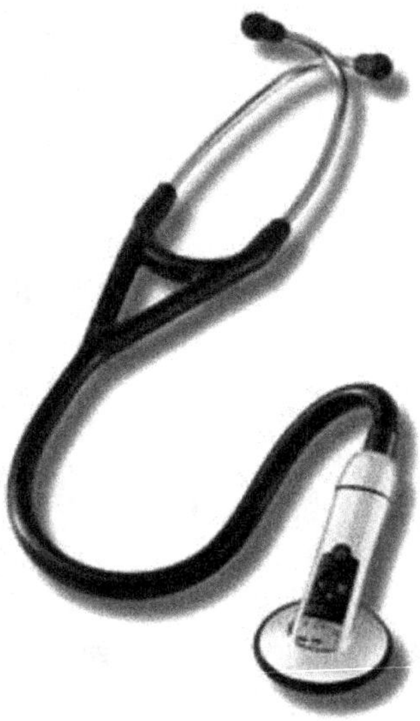

图 6.7　电子听诊器

6.1.3　智能听诊器及应用

智能听诊器的问世大大地弥补了远程医疗中远程诊断工具的空缺，并赋予患者更多的医疗参与感和主动权，让患者可以在家问诊、听诊并第一时间得到医生的帮助和建议。在互联网和智能硬件的配合下，医院和医生对于患者的服务时间及空间都得到极大的拓展，使诊前报警，诊后随访能力都得到了加强。同时也将患者听诊音信息作为电子数据，具有可存储性，为今后的医学新技术研发提供更丰富的数据支撑。

2014 年，萝卜科技的首款萝卜医生电子智能听诊器面市，通过嵌入听诊音智能识别算法帮助医生和患者更快更准确地判定听诊音，取消了人耳与听头的物理连接，采用蓝牙无线音频传输，加强了产品操作性。萝卜医生智能听诊器还首次利用智能手机为患者提供标准化听诊引导，配合智能算法，并将远程医生服务接入产品，做到了让人在家智能远程听诊看医生，如图 6.8 和图 6.9 所示。

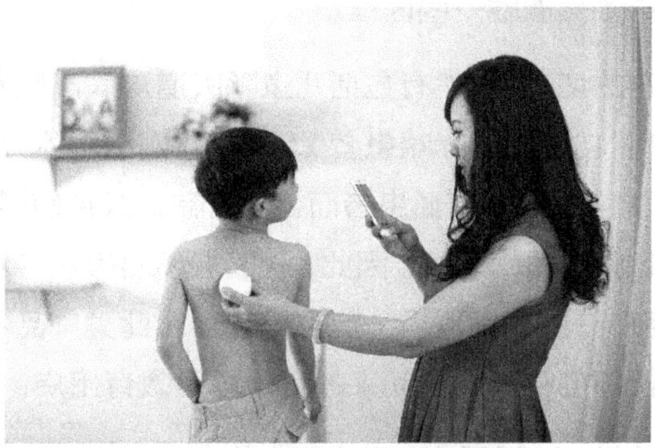

图 6.8　萝卜医生电子智能听诊器（1）

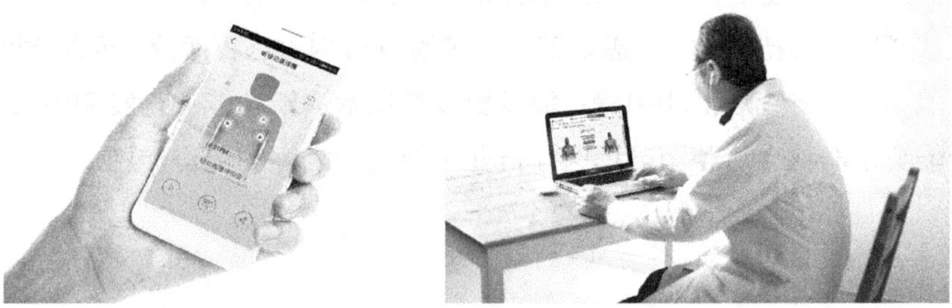

图 6.9　萝卜医生电子智能听诊器（2）

听诊器从传统形式进入智能化、互联网化时代，使听诊器从一个医生的诊断工具延展成了患者的远程医疗工具，从医院拓展到了患者家里成为患者的自诊断武器。

智能听诊器可以说是远程医疗、智能医疗的润滑剂，能让远程医疗更贴近传统的医患面对面，让远程医疗、智能医疗的作用能真正落地。

6.1.4 智能听诊器的机遇与挑战

受制于远程医疗仍然处于起步阶段，并且在整个医疗中所占比例依然非常有限，智能听诊器对于目前医生所用的传统听诊器不具备明显的替代必要性，因此智能听诊器在整个传统医疗行业中的医院端的切入布局和大范围推广依然面临一些困难。

对于患者端的切入，虽然有包括儿童呼吸道疾病高频发病人群体和慢性呼吸道疾病（特别对于哮喘患者）等相对较刚需群体并且人数庞大，但作为 C 端智能产品面向普通患者而言，面临着低频使用的先天缺陷，并且产品太新且教育成本较高。因此，智能听诊器虽然客观上能直接解决 C 端患者用户一些刚性需求，但整个社会对此类产品不了解甚至不知道，因此仍然需要很长的时间来教育市场、教育用户。

可以预见的是，远程医疗、智能医疗将会在越来越多的场景下发挥作用。而智能听诊器作为其中不可缺少的一个环节将会有广阔的发展空间。在这一过程中，需要厂家对医院和医生的持续教育，需要医疗行业对普通用户的持续教育；需要卫计委等监管机构对远程医疗、远程诊断规范动作的持续规范和引导；需要更多新技术、新功能的开发和引入。智能听诊器将会对整个远程医疗行业中起到非常好的促进作用。

6.2 智能血糖分析仪

6.2.1 认识血糖仪

血糖仪又名血糖计，是一种测量血糖水平的电子仪器。血糖仪是每个糖尿病患者都必备的医疗装备，它对于糖尿病这种常见的慢性疾病的诊断和治疗极为重要。通过血糖仪监测血糖，我们才能了解血糖的情况，合理改善饮食，及时调整治疗方案。

6.2.2　血糖仪的前世今生

第一代血糖仪：水洗式血糖仪，如图 6.10 所示。

图 6.10　水洗式血糖仪

水洗式血糖仪的工作原理类似于 pH 试纸；将患者一滴血滴在该试纸上，一分钟之后洗掉血迹，拿比色卡进行对照比色，读出数值。这种血糖仪存在一个明显的缺陷就是在反应后需排除血样，一方面干扰比色，另一方面因红细胞渗透到基底而使反应物流失。虽然之后出现了改良版本，在纸片上涂上一层乙基纤维素或者在反应酶上加上一层防水层，解决部分了问题，但是当结果颜色介于两种之间时很难准确度数，因此误差较大。

第二代血糖仪：擦血式血糖仪，如图 6.11 所示。

Boehringer Mannheim（罗氏）公司第二代血糖仪产品

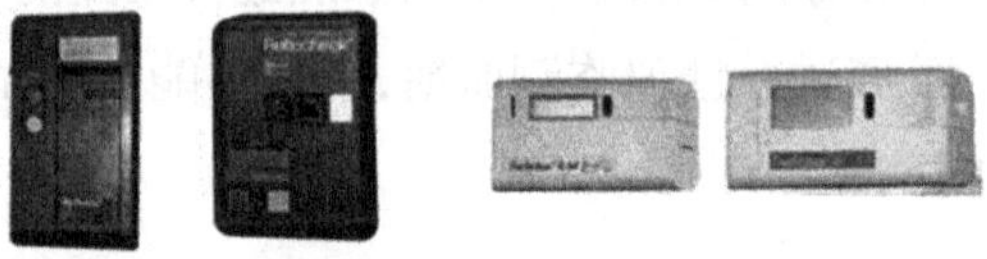

Reflolux(1983)Refloluxcheck(1983)Reflolux II (1984)RefloluxS(1984)

Ames（拜耳）公司第二代血糖仪产品

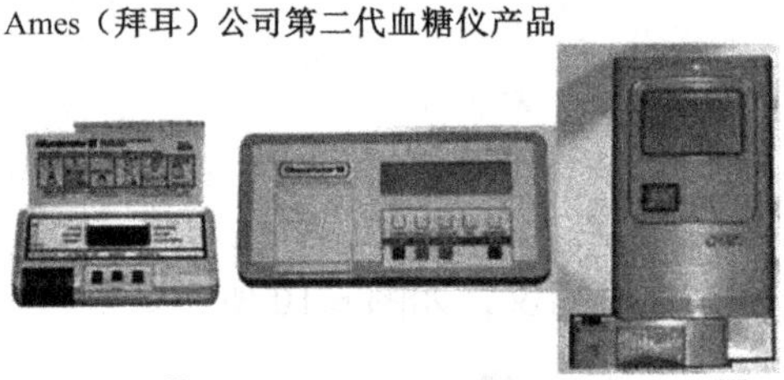

Glucometer II (1985)GlucometerM(1986)GlucometerIII(1990)

图 6.11　擦血式血糖仪

第二代擦血式血糖仪与第一代水洗式血糖仪的区别在于，患者不需要冲洗血滴，直接擦去试纸上的红细胞就可以读数了。相较于第一代血糖仪虽然第二代血糖仪体积变小而且比较方便病人使用，但是仍然需要采集 10 ~ 15μL 的血样，并需要大约 1min 反应时间才能得到结果[4]。德国罗氏公司于 1983 年推出了他们的第一台血糖仪 Reflolux。反应时间为 2min，测量结果非常准确，在当时受到广泛推崇。

第三代血糖仪：比色法血糖仪，如图 6.12 所示。

比色法血糖仪与第二代血糖仪相比，操作更加简单且不需要擦掉血液，直接使用比色法即可。由于操作方便以及结果准确，第三代比色法血糖仪很快被市场所接受，并最终占有市场大部分份额。随着产品的不断更新以及价格的合理，自我血糖检测仪器的市场也逐渐开始在世界各地迅速发展起来。

---

[4] 齐林. 血糖仪发展史[EB/OL]. http://www.haodf.com/zhuanjiaguandian/qilin1964_82155600.html, 2011-01-17/2017-06-13.

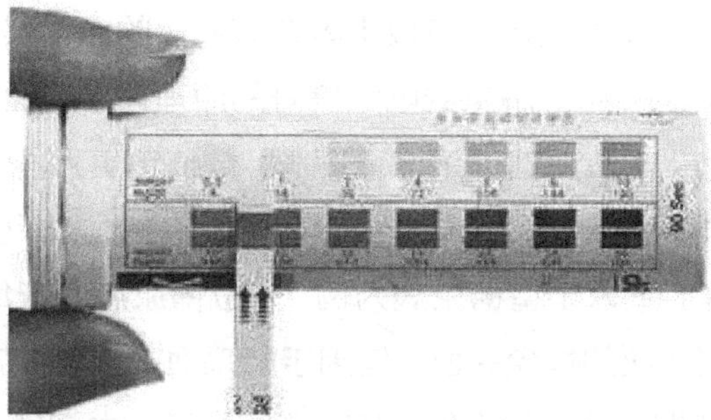

图 6.12　比色法血糖仪

第四代血糖仪：电化学法血糖仪，如图 6.13 所示。

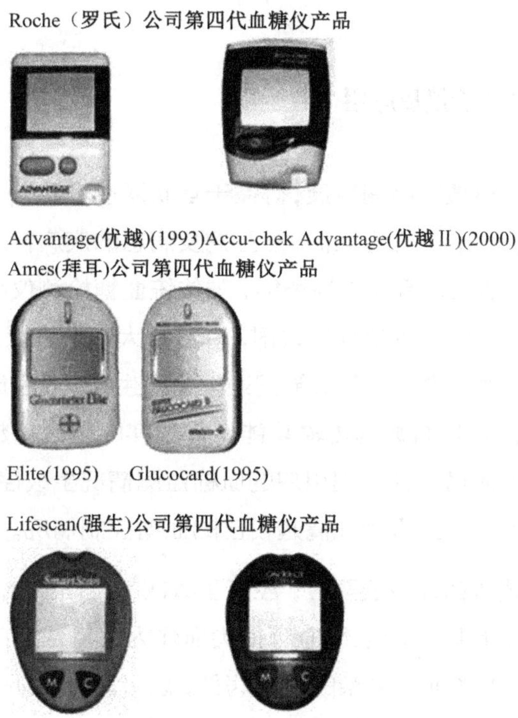

图 6.13　电化学法血糖仪

这类血糖仪也就是现在大多数患者在家使用的血糖仪。电化学法血糖仪采用检测反应过程中产生的电流信号的原理来反映血糖值。相比前几代血糖仪，电化学法血糖仪采血量更少，数值也更精准。但是这一代血糖仪依然需要受测者忍受扎针的痛苦。为了监测血糖，患者需要每天进行数次指尖采血。以 1 型糖尿病为例，一位糖尿病患者每天需要进行少则 3 次、多则 7 次的指尖采血。但因手指采血带来的痛苦和不便，使很多患者无法长期坚持监测血糖、及时了解自己的血糖情况，导致无法根据血糖数据进行治疗及饮食调整，更有严重者会错过疾病治疗，引起严重的糖尿病并发症。

6.2.3 智能血糖分析仪及应用

随着互联网科技的高速发展，得益于互联网技术而衍生的智慧医疗开始渗透至人们生活的方方面面，给医护及病患的疾病管理带来了极大的好处，智能血糖仪之所以称为智能，与传统血糖检测仪相比它能够高效、准确地收集用户的血糖测量数据，并进行大数据分析。传统血糖仪测完后的数据，用户需要手动纸笔记录再给医生看，而智能血糖仪的血糖数据自动存储并具有数据传输功能，能够实时将血糖数据提供给患者、家人、医护人员，并根据用户的血糖监测情况生成控糖分析报告，让患者、医护人员和家人更加清楚自己的血糖控制情况。

家用便携式血糖仪发展至今，经历了数次的更新换代，目前市面上普遍存在的主要是以采取毛细血管指尖血作为监测依据的第四代血糖仪。糖尿病是个漫长而又复杂的慢性病种，患者需要长期进行血糖仪监测、饮食、运动、用药、教育五个方面的自我管理及学习，而传统的血糖仪仅仅满足血糖监测的需求，无法兼顾到糖尿病患者的其他个性化需求，造成了糖尿病患者在饮食、运动、用药、教育方面的巨大脱节，导致许多患者即使监测完血糖，也不知道自己的血糖控制是否达标，或者还要做什么才能维持良好的血糖水平，离开了医生及医院后就更加手足无措，进而影响病情的良好控制，严重者可能会引发并发症的出现，加重患者心理压力及家庭经济负担。作为新时代产物的互联网公司，凭借灵敏的嗅觉和日新月异的强大创造力，不断开拓互联网医疗这块沃土，如今的智能血糖仪被赋予了更多可能性。例如掌控糖尿病平台出品的安糖智能血糖仪，作为一个居家远程血糖监测工具，它内置数据传输模块、配套专业的血糖管理咨询服务。患者在家中测血糖后，血糖数据实时上传至掌控糖尿病云平台，血糖仪所绑定的医生及患者家属都能接收到患者当下的血糖数据；当患者出现血糖异常时，家属及医生可及时关注，在必要时候干预处理，避免糖尿病不良风险发生；它还能根据患者的血糖监测数据，以表格视图的形式自动生成每月控糖报告，并提供专业医生的个性化控糖建议，为糖尿病患者提供清晰明了的控糖进度及目标；同时，配备专业的健康管理师免费为患者提供控糖咨询和售后服务，患者有问题需要咨询师通过血糖仪内置的一键呼叫功能即可与健康管理师进行电话交流，如图 6.14 所示。不仅如此，安糖智能血糖仪还能与掌控糖尿病 APP、微信进行绑定，患者可通过 APP 和微信随时记录血糖血压等健康数据、查看血糖记录，学习饮食、用药、运动各方面的知识，同时还能与全国糖友进行控糖心得交流，使患者在糖尿病管理的过程中不再封闭、枯燥，让患者在控糖中收获知识、丰富经验，控糖更加从容。

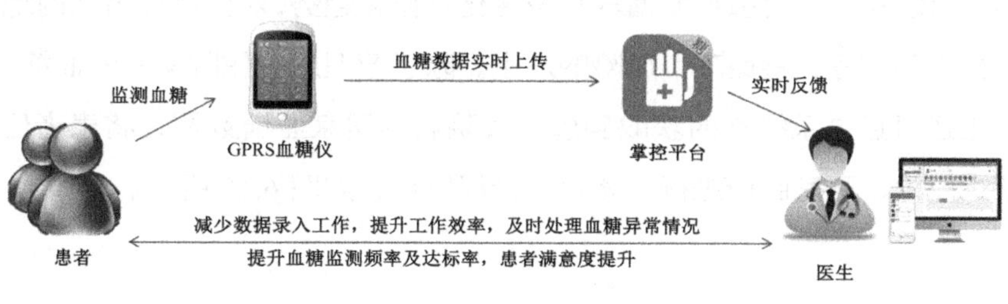

图 6.14　安糖智能血糖仪的应用流程

为了解决医院内血糖管理的问题，市场上很多走在前列的血糖仪制造商针对性地开发了新的血糖监测系统（智能血糖仪和配套的患者管理系统），包括国外的强生、雅培等品牌以及国内的三诺等。医院使用新的血糖系统后，护士通过扫描患者条码确认患者身份，为患者测完血糖后，通过手动记录、血糖仪连接设备等方式将血糖数据导入患者管理系统。

真正能够帮助到医院实现院内血糖信息化管理的智能血糖仪需要符合以下几个要求：第一，血糖测试准确率要符合国家标准，能够通过医院大生化比对，这是最起码的要求；第二，血糖仪和血糖管理系统功能设计要符合临床使用的现实需求，简单易操作；第三，血糖管理系统要能够有效帮助医院进行患者血糖管理。这样才能够称为智能血糖仪，才能够真正地帮助医院实现血糖信息化管理，提升科室管理血糖的能力。

在医院范围内开展住院患者血糖智能化管理，可实现患者信息智能识别、血糖监测数据便捷智能化采集存储、科室内及多科室同步、异常提醒、异常处理一站式管理。血糖仪连接医院 HIS 系统后即可智能识别患者病房、病床信息，护士为患者监测血糖之后，数据能够自动记录传输至配套的患者管理系统中，不需要纸笔记录，完全免除了医护人员手工录入的工作量，也降低了人为错误的发生概率。患者主管医生通过系统可以实时查看患者血糖异常及变化规律和趋势，对异常患者及时地进行干预指导，避免不良风险的发生。除了管理患者住院期间的血糖，医生还可通过系统实时获取到患者离院后的居家血糖数据，将患者住院、门诊、居家血糖进行一体化、全程管理，如图 6.15 所示。

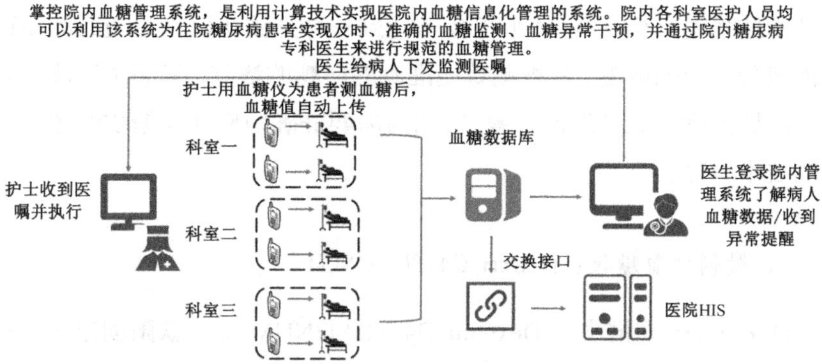

图 6.15　医院血糖智能化管理

传统的血糖监测时代已经过去，互联网医疗下衍生的智能血糖仪开启一个以患者血糖监测为基础的智能血糖管理时代。目前各大血糖仪厂商、互联网企业等都在如火如荼地推出血糖管理解决方案，许多三甲医院已经引进并开始使用智能血糖仪进行患者医院内、居家血糖管理。

6.2.4　无创血糖仪

血糖检测是糖尿病管理非常重要的一环，几乎每一位糖尿病患者都会定期使用血糖检测仪对血糖进行自我监测，虽然血糖仪已经经历了无数次改进，但目前侵入性的有创血糖仪仍然占领了整个血糖检测市场。

由于惧怕疼痛，以及由此引发的心理恐惧，有创的测量方式直接导致极大一部分糖尿病患者在心理层面抵抗血糖检测，而长期不进行血糖检测无疑会使得糖尿病并发症的发病几率增高、发病时间提前。于是，发明微创甚至无创血糖仪就变成很多科学家追求的目标。

在人类身体的很多种体液中都可以发现葡萄糖，除血液外，还有间质液、泪液、玻璃体液、尿液和汗液等。目前测量这些体液里的葡萄糖浓度的技术也有很多种。人们希望能找到一种方法可以通过随时测量这些体液葡萄糖的浓度，分析测算出准确的血糖的浓度。然而由于体液与血液的糖浓度之间关系比较复杂，同时需要准确地反映血糖浓度还有很大的技术屏障。

1. 微创型血糖仪：Dexcom G4 PLATINUM

Dexcom 公司推出的 Dexcom G4 PLATINUM 是一款微创连续监测血糖仪，如图 6.16 所示。它由传感器（包埋于皮肤之下）、转换器（固定于传感器之上发射无线信号）和接收器（接收并显示血糖变化信息）三部分组成。

图 6.16　Dexcom G4 PLATINUM

Dexcom G4 PLATINUM 的检测原理跟血糖试纸类似，利用浅表皮肤组织液的葡萄糖浓度与血液葡萄糖浓度之间有稳定的关系，植入皮下的微型葡萄糖氧化酶电极传感器，与组织液中葡萄糖接触发生反应，这种化学信号通过电极转化为可监测的电信号，电信号经过特定的算法处理之后，便成了接收器上的血糖值。

Dexcom G4 PLATINUM 已获得 FDA 和 CE 的批准，可监测的血糖范围为 2.22 ~ 22.2mmol/L，适用人群为 2 岁以上的糖尿病患者，售价大概在 2000 美元以上。FDA 指出，使用 Dexcom G4 PLATINUM 血糖仪，每 12h 至少要校对一次；当 Dexcom G4 PLATINUM 警告血糖过高或者过低时，必须使用血糖仪对指血进行检测，才可以做后续的处理；Dexcom G4 PLATINUM 不能作为胰岛素用量的参考指标； Dexcom G4 PLATINUM 的准确度会受到饮食和运动的影响。

2．学习型无创血糖仪：TensorTip CoG

以色列公司 CNOGA 推出了一款介于有创和无创之间的血糖仪 TensorTip CoG——学习型的无创血糖仪，如图 6.17 所示。

图 6.17　TensorTip CoG

所有的色彩都是由红、绿、蓝三种原色混合而成。人体表现的颜色也是有其内在规律的，只要能找到其中的规律，就可以通过大规模的数据运算来分析血糖的变化。TensorTip CoG 血糖仪就是利用了这个原理，TensorTip CoG 中的二极管发出的光通过指尖时，其中的一些会被吸收，光信号就发生了改变，传感器只接收波长为 600nm 到 1150nm 的光。用一个类似于专业数码相机的摄像头传感器实时检测光信号的变化，信号被传递到一个处理器，处理器将信号数据转化成红、蓝、绿三色的组合色光。使用专利算法和处理器收集的大量数据（有 680 亿多个颜色组合），再结合 “学习”到的光信号与血糖之间的相关性，最终计算出血糖的浓度。

TensorTip CoG 在启用非侵入性血糖检测之前，需要持续一周的“学习”的阶段。TensorTip CoG 会建立光信号与血糖之间的关系，至少需要用传统血糖仪采集 130 次侵入性血糖数据再使用 TensorTip CoG 采集 65 次非侵入性光信号数据。这一学习过程完成之后，才能开始非侵入性血糖检测。

虽然具有划时代的意义，但 TensorTip CoG 也存在很多明显的缺陷，目前它只通过了 CE 的批准，可检测的血糖范围为 3.89~24.4 mmol/L，并且只能用于 18 岁以上的 2 型糖尿病患者，在欧洲售价 2000 美元左右。在使用 TensorTip CoG 时需保持手指干净清洁且不能有创伤；在医学诊疗过程中不能单独使用 TensorTip CoG 作为诊断和治疗糖尿病的唯一指标；使用前有一个较长的有创“学习”阶段。

3．糖无忌：GlucoTrack

Integrity applications 公司的 GlucoTrack 无创血糖仪，在 2014 年获得了 CE 认证，它还有一个响亮的中国名字“糖无忌”。GlucoTrack 由一个带触控屏幕的主机和一枚个人耳夹组成，如图 6.18 所示。检测时，只需将耳夹夹于耳垂，等待约 1min 就可以知道血糖结果。这款设备的检测的原理是通过测量超声波、电磁以及热量的变化，来计算血糖浓度。

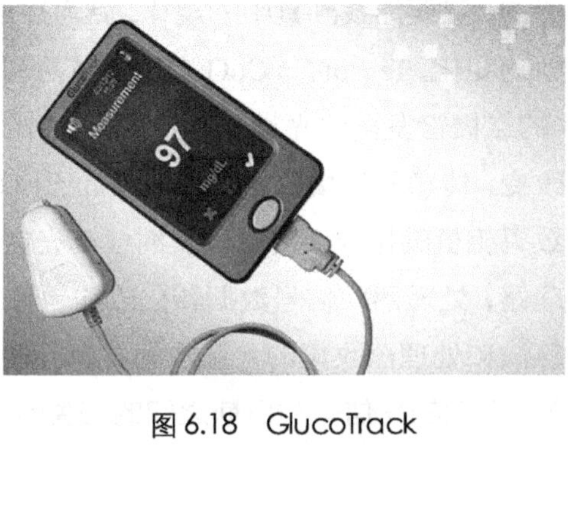

图 6.18　GlucoTrack

GlucoTrack 通过记录超声波和电磁在耳垂里传播受阻的情况和耳垂热量的变化情况，综合分析三组数据，估算出血糖值。

GlucoTrack 也获得了 CE 批准，可检测的血糖范围为 4.17~27.8mmol/L，只能用于 18 岁以上的糖尿病患者，售价在 2000 美元左右。GlucoTrack 可供 3 人使用，每 6 个月校准一次，不能作为检测和治疗糖尿病的唯一依据。

4. 无创血糖仪的新希望

一家位于利兹大学的研究团队宣布，他们开发出了一款新型的无创血糖检测设备。这项检测设备目前还没有命名，研发团队也没有对外公布技术细节以及临床数据。研发团队已经将该项技术授权给了 Glucosense，从 Glucosense 官方网站介绍来看，这款无创血糖仪使用了新型激光传感器，该型号传感器是利兹大学 Jose 教授潜心研究多年的成果，如图 6.19 所示。

图 6.19　Glucosense 的无创血糖仪

当使用者的皮肤与传感器玻璃接触时，手指引起的激光反射光的变化，反映了血液中血糖的浓度，整个测量过程仅需 30s。从官方公布的原型机来看，这款设备目前体积还比较大，难以划入便携设备范畴。不过，Glucosense 称正在研发可穿戴式血糖监测仪，以满足糖尿病患者的实时监测需求。

当然，业界最吸引眼球的还要数 Google 隐形眼镜（图 6.20），这项 Google 的黑科技是联合制药巨头诺华公司一起研发的。除了知道是通过测量眼泪的葡萄糖含量，来计算血糖含量之外，目前并未见其他细节报道。但是，据目前的研究表明，唾液、汗液、泪液和尿液中的葡萄糖浓度，与血糖浓度，并没有明确的关系，这也是这么多年来一直没有检测这些体液的血糖仪出现的原因。

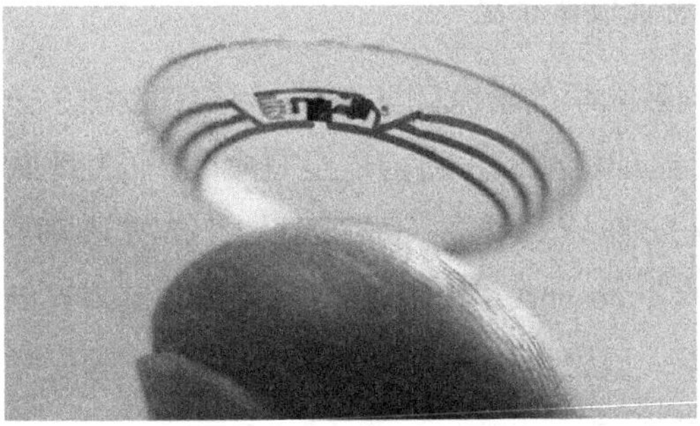

图 6.20 Google 隐形眼镜

虽然无数科学家和研究机构都在追求无创血糖仪，但受到医学技术和传感技术等技术屏障的限制，目前人们做出的尝试还有很多这样那样的缺陷。一般情况下，健康人空腹血糖浓度为 3.61~6.11mmol/L。I 型糖尿病患者可能出现非常低的葡萄糖水平，甚至低于 2mmol/L，同时 I 型糖尿病患者的血糖波动也较快。表 6.1 是上述前三种血糖仪公布的数据。

表 6.1 三种血糖仪的比较

名称	公司	测量范围	适用人群	认证
Dexcom G4	Dexcom	2.22 ~ 22.2mmol/L	大于等于 2 岁	CE、FDA
TensorTip CoG	CNOGA	3.89 ~ 24.4mmol/L	18 岁以上的 2 型糖尿病患者	CE
GloucoTrack	Integrity Applications	4.17 ~ 27.8mmol/L	大于等于 18 岁	CE

根据前文的介绍不难看出，Dexcom G4 属于微创血糖仪；TensorTip CoG 属于前期有创，后期无创；GlucoTrack 是无创血糖仪。从有创到无创，是一个逐渐远离血液的过程，随着检测方法的复杂度增高，检测的精度开始降低，同时检测血糖值的范围和传统有创血糖仪相比，也存在很大缺陷。从表 6.1 可以看出，TensorTip CoG 和 GlucoTrack 对低血糖基本没有检测意义。

6.2.5 智能血糖分析仪的机遇与挑战

对于糖尿病患者而言，血糖浓度的剧烈波动往往才是对患者健康和生命危害最大的。微创和无创血糖仪对于血糖波动的速度和幅度的检测是无创血糖仪所要面临的最大问题。由于微创和无创血糖仪，都是间接推算出血糖浓度，使得从检测到获得最终结果都具有一定的滞后性，有些血糖仪滞后 5min，有些甚至滞后 20min。因此，这类血糖仪并不能及时反映血糖的浓度。仅就距离血液最近的 Dexcom G4 而言，当血糖的波动幅度达到每分钟 0.11~0.16 mmol/L 时，检测的结果就很难保证准确性了。

例如信噪比（葡萄糖信号和其他物质信号的比例）、传感器的灵敏度、是否可以连续监测、信号处理和数据分析技术等因素都是导致微创和无创血糖仪很难做到精确测量血糖浓度的原因。但究其根本，还是因为人体血糖本身浓度比较低，目前也没有发现仅葡萄糖具备的单一特质。因此，目前的主要研究方向还是集中在提高传感器灵敏度、消除背景信号的影响，以及多因子联合检测等。

仅从目前这几款比较设备来看，它们只能作为一种血糖异常的预警和参考测量设备。实际上，我们离无创血糖仪还有很遥远的距离。所以，对于广大的糖尿病患者而言，家中还是需要准备一台传统的有创的血糖仪。

6.3 智能心电监测仪

6.3.1 认识心电监测仪

心电监测仪携带方便、操作简单，可对个人心脏进行随时随地监护和及时检测，为心脏疾病的早期检测和特殊人群进行预防提供了有效的检测手段，为医生提供病人心相关的有效信息。

6.3.2 心电监测仪的前世今生

1903 年，威廉·埃因霍文应用弦线电流计，第一次在感光片上成功地记录了体表心电图，1906 年首次在临床上利用心电监测仪对心脏病患者进行抢救，当第一张从患者身上记录下的心电图公布时，在当时的医学界引起了轰动。从此人们将这台重约 300kg、需要五个人远距离共同操作的巨大仪器称为心电图机。心电监测仪从发明至今已经经历了一个多世纪的不断变革，它以无可争议的重要性帮助医师诊断不同类型的心脏病，特别是心律失常和心肌梗塞。心电监测仪的临床运用也不断促进现代医学的发展，使心脏病的诊断从凭感觉和听诊器的时代进入到了用机器和技术获得客观信息的时代，从而使人们对生理和病理状态下的心脏的结构变化和功能变异的探索不断深化，最近十年来对于心脏病的研究已经进入到细胞与分子的水平。心电监测仪已经是临床诊疗过程中必不可少的仪器，在现代医学中具有举足轻重的地位。

随着科学技术的不断进步，心电监测仪器也在不停地变革，功能也逐渐细分，发展出诸如临床心电图、动态心电图、心电监护及心电分析、远程心电图、高频心电图机等繁多种类。

心电图机品种繁多，分类也各不相同，根据不同方式可以进行如下分类：

（1）按元件类型可分为电子管式、晶体管与电子管混合式、晶体管式、晶体管与集成电路混合式。

（2）按显示、记录方式可分为示波管显示方法、光线记录式、静电式、直接记录式（热笔式、墨水式、喷水式、括刀式）、打印机打印方式和热阵式。

（3）按信号处理方式可分为模拟信号处理方式及数字信号处理方式。

（4）按结构及功能可分为单道式、多道同步式、交流型、交直流两用型、普通直接接地式心电图机、“浮地”式心电图机、带微处理功能的心电图机、遥测心电图仪、胎儿心电图机、希氏束心电图机等，以及近 10 年来的新型机种，如立体心电图仪、高频心电图仪、心电多域信息自动诊断仪、微机心电图仪等。

（5）按记录器与其驱动电路连接方法可分为第一代“环路”反馈式、第二代“速率”反馈式、第三代“位置”反馈式、较为新颖的第四代热阵式和带微处理机可打印或描记心电波形及数据的心电图机。

（6）按记录器本身结构可分为动铁式、动圈式、外磁式及内磁式。

心电图作为临床诊断中重要的科学依据，所记录的图形，必须真实反映被监测者心电活动的电流、电压的变化情况。为了保证达到记录高质量、高准确性的心电图的目标，心电监测仪先后经历了动圈式、位置反馈式到目前采用的热阵式的技术时代，现今心电仪的精确度和可靠性等技术指标都得到了大幅度提高[5]。

由于心电图已应用于各个层次的医疗机构的临床和科研中，用于临床中的各个疾病。心电仪的非创伤性和多功能化，使得心电图不局限于心脏疾患的范围，也可用于临床电解质监测、非心脏疾病的鉴别诊断等。随着人们生活节奏的加快和生活方式的改变，心血管疾病的发病率不断上升，心电图也在今后相当长的时间内更显重要。心电仪正向着多通道、数字智能型、网络共享型等方向发展。

1．新型的记录方式

记录方式由先进的高分辨率热点阵式输出系统替代热笔式。热点阵式记录探头是利用先进的元件技术，在陶瓷基体上高密度集成了大量发热元件及其控制电路所制成的一种高科技部件。其频率响应大为提高，记录的心电波形不再失真，可以记录文字信息及获得更多信息，从而提高了诊断准确率。

2．多导同步

记录可同步整体观察和测量多导同一心动周期的波形，提高了各种参数测量的准确性，便于早搏的定位，心律失常的分型，预激综合征的分型、定位，宽 QRS 波心动过速的鉴别诊断。

3．临床信息系统的参与及管理

由于心电图机采用数字技术及通信接口，可以作为一种信息系统的终端，进行原始心电信号的采集与处理，并与中心处理系统联网通信，

[5] 吕志国. 心电图机分类及发展趋势[EB/OL]. http://blog.sina.com.cn/s/blog_40af1eaa01000b4b.html, 2007-11-24/2017-04-21.

使心电信号可以进行集中处理和管理，还可以充分利用所采集到的信息。

4．运用数字化技术

运用先进的高精度数字信号处理技术，使心电信号处理的速度及能力明显提高，灵敏度高，抗干扰能力强，同时也彻底解决了心电信号放大失真与描记受诸多外界因素影响等问题[6]。

当今心电监测仪在发展趋势上开始向微型便携、精确、多附加功能方向发展。而智能心电仪其检测原理与医院使用的心电图机检测原理一样，但其具有携带方便、操作简单、及时检测以及自适应调整 ECG 显示幅度等优点，如图 6.21 所示。随着互联网技术与心电监测技术集合，可将监测结果上传，并提供分析结果和及时医疗干预措施，从而为心脏疾病的早期检测和特殊人群进行预防提供了有效的检测手段、为医生提供患者相关的有效信息。

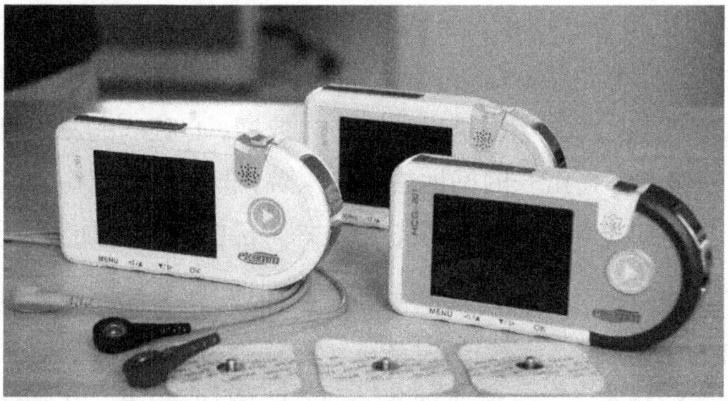

图 6.21　便携式心电监测仪

人们可利用随身携带的心电监测仪及时进行自我监测，智能心电仪

[6] 浅谈医疗器械的未来发展趋势[EB/OL]. https://wenku.baidu.com/view/2ce9220390c69ec3d5bb755e.html, 2012-06-11/2017-05-13.

会自动分析诊断出心律失常种类，将心电波形、心率及诊断结果清晰地显示在屏幕上，同时收集的日常检测结果可辅助医生做前期诊断，准确可靠。当感觉身体或心脏不适时，便可随时进行监测，及时发现病情，从而达到早期预防和早期诊治的效果。

6.3.3 智能心电监测仪及应用

随着人们生活水平的提高、生活节奏的加快，心血管疾病的发病率迅速上升，已成为威胁人类身体健康的主要因素之一。而心电监测仪则是诊治此类疾病的主要依据，具有诊断可靠，使用简便、无创、无痛的优点，在现代医学中，心电监测仪变得越来越重要。常规心电图是病人在静卧情况下由心电图仪记录的心电活动，历时仅为几秒到 1min，只能获取少量有关心脏状态的信息，所以在有限时间内即使发生心律失常，被发现的概率也是很低的。因此有必要通过相应的监护装置对患者进行长时间的实时监护，记录患者的心电数据。心脏病的发生具有突发性的特点，患者不可能长时间地静卧在医院，但又需实时得到医护人员的监护，所以研发相应的便携式心电监护产品就显得更加重要[7]。

自我健康管理和随时可得的专业医疗建议，是智能心电监测仪在现今和未来的重要发展趋势。通过蓝牙、无线等技术与手机 APP 相连，并通过互联网技术、云计算等现今的“互联网+”技术，让智能心电监测仪在心血管疾病预防、日常监测、数据采集、用药随访、发病急救和医学干预方面得到了长足的进步，如图 6.22 ~ 图 6.25 所示。

---

[7] 一些通信相关专业的论文[EB/OL]. http://www.txrjy.com/thread-151324-4-1.htmL, 2006-07-07/2008-04-13.

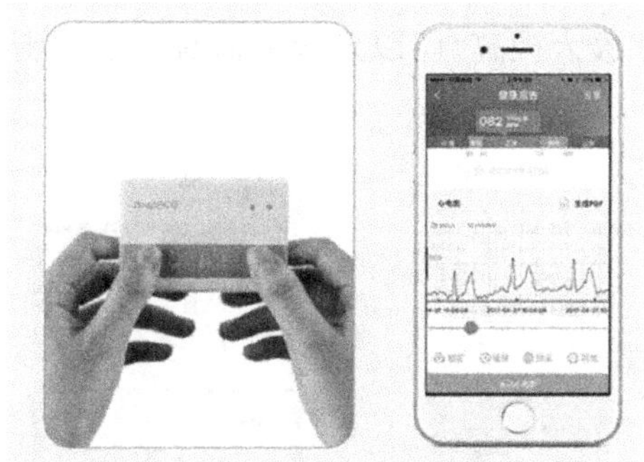

图 6.22 智能心电监测仪（1）

心脏疾病发病大多在院外，且突发性和隐匿性较强，智能心电监测仪体积小、重量轻，便于随时随地监测快速自查。

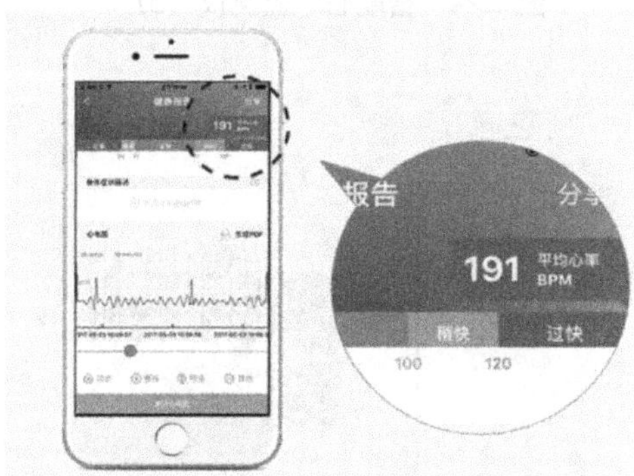

图 6.23 智能心电监测仪（2）

当患者感到有心慌、心悸症状时，可立即使用智能心电监测仪采集、记录异常的心电信息，数据会通过手机 APP 自动存储到手机和云端，到院就诊时可及时为诊断医师提供发病时的心电数据，有利于心血管疾病的早期诊断，术后/用药效果评估，便于医师调整最佳治疗方案。

通过使用智能心电监测仪可以进行日常自我监测，关注波形变化，及时发现心脏病突发征兆，提前做出预防措施。同时提供科学的心血管健康自我管理方案，也可得到专业医疗建议和回复，使得疾病的医疗干预和风险管理效率极大提高，可以大大降低高风险患者突发心血管疾病的致死几率。

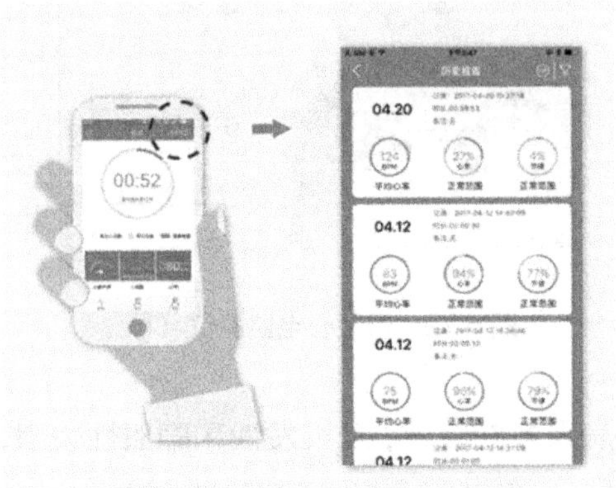

图 6.24　智能心电监测仪（3）

图 6.25　智能心电监测仪（4）

随着人们健康意识的不断提升，心电监护设备的轻量化，医生随时随地可以跟踪并监测到心血管疾病患者的生理特征和变化趋势，并将及时采集到的数据进行整理，对于心血管疾病的医学研究有着重要的数据支撑作用。伴随着数据的收集越来越精确和庞大，未来人类对于心血管疾病的治疗、预防将会获得巨大的进步。

6.3.4　心电仪的机遇与挑战

目前国内外的个人心电仪设备，都是只能提供一次性的心电仪检查和分析诊断功能，无法方便有效地为潜在人群提供既能随时进行心电图检测又能长期提供心脏健康管理和病情预警的功能，使用者的历史心电图数据、专家诊断结果和心脏健康预警功能无法集成并保留在使用者身边，这不利于慢性病长期性监测和对使用者总体健康发展趋势的管理。另外，使用者作为非心电专业人士依赖具有专用程序的个人电脑，操作复杂，且容易贻误诊断治疗时机。有些移动终端仅作为数据和信息传输的工具，使用者无法对心脏疾病进行长期的健康综合监测，不符合慢性病的预防控制原则，因此导致家用心电仪设备对心脏健康监测没有实质性的帮助，长期以来无法在实际应用中推广[8]。智能心电仪的研发使移动医疗推进医疗健康的发展，是智能移动平台在个人医疗健康中应用的成功探索。

6.4 尿液分析仪

6.4.1　认识尿液分析仪

尿液分析仪是测定尿中某些化学成分的自动化仪器，它是医学实验室尿液自动化检查的重要工具，此种仪器具有操作简单、获取结果快速等优点。

---

[8] 曹少平，刘剑. 智能移动心电仪在移动医疗中的设计与实现[J]. 中国医疗器械杂志，2016, (04): 250-253.

6.4.2　尿液分析仪的前世今生

古代印度的医生诊断糖尿病的方法便是将尿液倒在地上，看是否会招来蚂蚁。这说明早在古代人们就认识到尿液的夜色、性质与疾病相关。波斯名医依斯梅尔早在公元 1000 年便开始系统地研究尿液与疾病的关系，他总结并描述了 7 种针对尿液的观察和实验。随着显微镜的发明，早在中世纪医生便开始使用显微镜来观察尿液中的有形成分。随着检验学的发展，苏格兰医生爱迪就使用自己发明的爱迪计数法建立尿沉渣定量检测法。随着化学和物理检测的发展，到了 20 世纪，尿液分析已经成为临床诊疗过程中的常规检查。利用试纸作为载体，通过干化学法做底物反应对尿液进行筛性实验，与此同时检测过程和结果的标准化和规范也在不断的进步。1991 年，美国实验室标准委员会提出了尿常规检测的标准，对尿液分析和尿液标本的采集、转运和保存均提出了相应的要求。我国也于 1995 年武夷山会议将尿液分析的标准化提上了议程。

随着科学技术的进步和发展，进入 20 世纪以来，尿液有形成分的检测方法不断地推陈出新，从最早的人工显微镜计数法，到多媒体显微成像人工计数法、流式细胞仪分析法，再到后来先进的数字成像自动识别法。可以说，尿液有形成分的检测方法的技术水平已经到了一个相当的高度。

刚开始的人工显微镜计数法，虽然在结果的精确性上有很大的优势，但却费时费力，对操作人员的技术水平要求很高，同时结果也存在着很大的人为差异。多媒体显微成像人工技术法的出现，在一定程度上减轻了操作者的劳动强度，提高了工作效率，但仍然没能解决主观判断结果的所有影响因素，结果的差异还是很大。同时还存在着液路堵塞、清洗困难等使用问题，所以在一段时间以后就被流式细胞仪分析法给代替了。流式细胞仪法大大减少了人力物力，无论在速度上还是在精确度上都有很大的优势，让临床医技人员从人工操作的繁琐中解脱了出来，同时还具有一定的定量参数信息，便于医生对样本结果的判读。可以说，流式细胞仪分析方法引领了尿液有形成分检测技术的第一次革命[9]。

全新一代的数字成像自动识别法既继承了人工显微镜计数法在结果上的精准，又融合了全自动仪器在检测中的快速高效，使其成为了尿液有形成分检测技术的第二次革命。它不仅拥有较短的运行时间，同时以较高的识别率和较低的复检率获得了使用者的一致好评。可以说是自动化仪器最大程度地替代人工显微镜计数的一种优秀的方法学，很好地在效率和结果的准确度之间寻求了一个恰当的平衡点[9]。

6.4.3　智能尿液分析仪及应用

"血常规"、"尿常规"和"大便常规"是医院的"三大常规"。随着我国糖尿病患者人数逐年递增，"血常规"、"尿常规"开始受到医疗的关注。根据 2013 年我国卫生部门公布的数据，我国糖尿病患者人数在 1.14 亿。如果这 1.14 亿人都涌入医院去做"血常规"、"尿常规"，医院将会是怎样的一幅场景。在这种情况下，很多便携式家用血糖仪开始受到人们欢迎，但是尿检仪的市场却始终不温不火。目前被广泛使用的尿液分析仪主要服务对象是医院等医疗机构，体积较大，需要专业人员操作，价格昂贵，对于想在家进行尿液检测的人来说并不适用。未来尿检仪的微小化、操作简便化、价格平民化是产品发展的关键。

智能尿检仪成功地解决了尿检仪体积大、操作不智能的问题，让尿

---

[9] 尿液检测的"前世今生"[J]. 中国医疗器械信息，2012, (09): 64-65.

检仪的普及得到了长足发展。对于用户来说，尿检像用手机一样方便，省去咨询医生的时间和费用，实在是一件极其方便的事情。未来随着技术的提高，更多的尿检仪会朝着更加便携与智能化的方向发展。

2013 年，洛杉矶的 TED（科技、教育和设计）大会上出现一款名为 Ucheck 的 APP 问世（图 6.26），它宣称可以检测出 25 种不同的健康问题。检测过程是：尿液中放入试纸浸泡 2s，试纸放在一张可洗涤的彩色卡片之上，然后每隔一段时间利用 APP 进行一次拍照，Ucheck 根据照片分析测试者的身体状况。虽然 Ucheck 的检测过程麻烦而且会有数据准确与否的问题，但是它的问世让尿检便携化和家庭化成为一种可能。

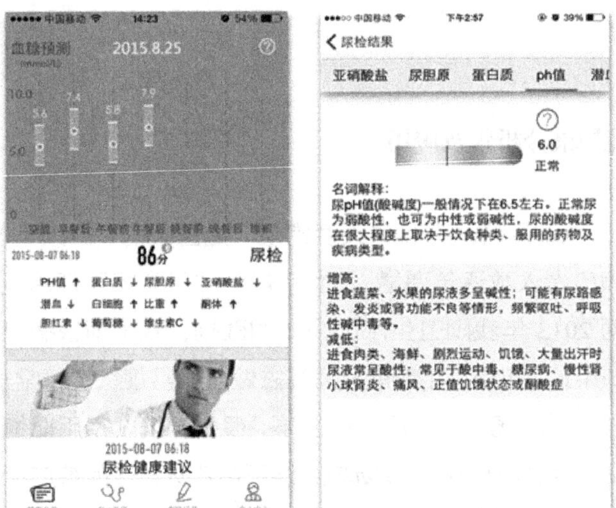

图 6.26　Ucheck

在 Ucheck 问世的一年多时间里，尿检仪的便携化得到了长足的进步，体积越做越小，携带也越来越方便，这一趋势让尿检仪走出医院走进千家万户，比如上海优伊网络科技有限公司推出的 U 糖智能尿检分析仪一经推出就受到市场热烈反响。U 糖智能尿检仪在便携性上做到了市场同类产品难以达到的体积小巧，增强了其便携带的特点。一款“一手可握”重量仅有 160g 的智能尿检仪对于用户来说实在太方便了，如图 6.27 所示。U 糖智能尿检仪还适合家庭每个成员使用，机内可以存储 1000 个样本，同时支持蓝牙通讯与无线打印，自带的锂电池可以连续测试 700 条。“一台机器全家用”使得成本大大降低。

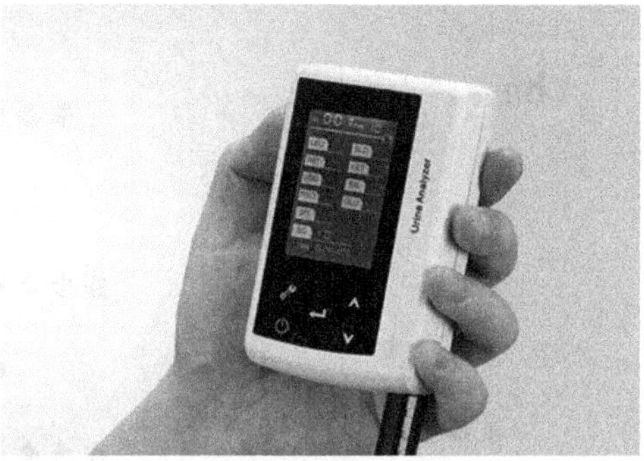

图 6.27 U 糖智能尿检仪

对于尿检仪用户来说，便携性是重要特点之一，另一关注点在于尿检仪的智能化。尿检仪检测项目的多少、操作是否简单，以及检测结果的分析都包含在智能化里面。

尿检仪市面上有很多种，可检测尿 8 项的日本和国产的 MA-4210 型、测试尿 9 项的德国宝灵曼的 RL-9 型、还有测试尿 10 项的德国宝灵曼的 MIDITRON 型都是很不错的尿检仪。U 糖智能尿检仪可检测 11 项尿检指标。

尿检仪是测定尿中某些化学成分的自动化仪器，由于其精密性，使用不当以及操作不当都会直接影响自动化分析结果的准确性，从而使检测失去意义，延误诊断。因此传统意义上的尿检仪对操作者有着相对高的要求，操作者必须对自动化仪器的原理、性能、注意事项及影响因素等方面的知识有充分的了解，才能正确地使用尿检仪，确保结果的准确。但是这些对于普通用户来说专业性太高。目前已经推出的智能尿检仪已经大大简化了用户的操作步骤，避免了繁琐操作，用户只需将沾有尿液的试纸放置在智能尿检仪中，仅一分钟的时间就可以完成尿液检测，尿检仪会给出相应的指标数值，从而更全面地评估用户的健康状况，如图 6.28 所示。

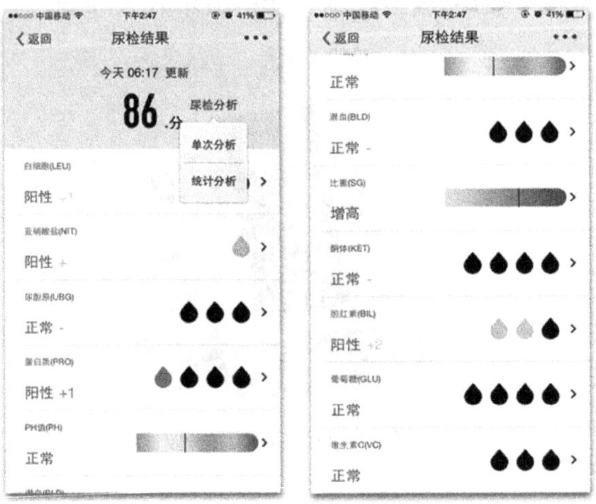

图 6.28　智能尿检仪

一般尿检仪可以做到给出指标数值，但是这些数据对于用户来说意义并不太大，因为很多用户需要医生帮忙分析指标数值，从而才能了解到自身的健康状况。智能尿检仪更进一步，做到了帮助用户分析数据。尿检仪只要连接到手机 APP 之后，用户可以在手机上看到检测结果，以及每一项的详情。用户可以将检测报告与在线医生分享，也可以把检测报告提交到 APP 远端的服务器上。这样用户就无需在家用尿检仪得到指标数值后，还要拿着指标数值跑到医院等待医生的分析。通过 APP 互动，用户可以缩短等待时间，得到专科医生的专业解答和建议，节省了跑医院的时间和精力。同时，大量患者的尿检数据被收集和整理，对今后的医学科研分析也起到了数据支撑的巨大作用。

6.4.4　尿液分析仪的机遇与挑战

随着光学、电子和计算机技术的不断发展，越来越多的新技术逐步应用到尿液分析仪中，各项技术指标不断提升，其中最重要的就是增加测试项目的种类，提高检测精度[10]。

尿液分析仪本身属于半定量性质的检测仪器，既有定量检测，又有定性判断，因此对其进行质量控制十分重要。国内医院规模和资金水平差别较大，使用的尿液分析仪种类繁多，产品质量参差不齐，尤其是许多非配套尿试纸条大量充斥市场，对尿检的结果造成了不利影响[59]。一些小型医院使用的尿液分析仪甚至无质控液，而较先进的尿液分析仪虽然配有质控液，但各个厂家尿试纸条、分析仪灵敏度和定值标准存在差异，使不同医院之间尿检结果无法互认，患者转院时需重新尿检，造成了新的医疗负担和资源浪费，因此，进一步加强对尿液分析仪的质量控制是亟待解决的问题[10]。

6.5 远程胎心监护

6.5.1　认识胎心监护

胎心监护是保障孕产妇和未出生胎儿安全，实现母子健康的重要手段。在怀孕期间和生产过程中对胎儿的胎心进行监护，可以及时发现胎儿在腹内缺氧、压迫等危重症状，便于医生采取对策。

---

[10] 牛国喻，刘鹏，刘文，等. 尿液分析仪的现状及技术进展[J]. 医疗卫生备，2015, (11): 105-107+114.

6.5.2 胎心监护的前世今生

1650 年，法国人 Marsar 找出胎儿在子宫内的胎心音，1818 年，Mayor 用人耳直接贴到腹部听到胎心音。胎心监护的发展经历了从人工计数到电子监护的的发展历程，具体过程如下。

1．人工听数胎心音监护

1821 年，人类采用木制钟式听诊器监听胎心音，对胎心音有了进一步的认识，为之后的胎心监护发展奠定了基础。1822 年，Kergaradec 发表论文，主要表述用听诊器判断妊娠及观察胎儿胎心异常，使胎心音听诊在欧美遍及开来。听诊胎心率 FHR（Fetal Heart Rate）成为产科临床非常重要依据，发挥了重要作用。但是单纯靠人工间断听诊，无法得到长时间持续不断的动态指标及细小变化。同时由于听诊时间不定，或医生听诊计数有误，会造成人为的错误。子宫宫缩时肌层声阻抗增强，也听不到胎心音，人工听数胎心音监护法受到了新的挑战，其作用不能满足现代优生的要求。

2．胎心率电子仪器监护

1906 年，Gremer 首先通过腹壁记录到胎儿心电，1923 年，Schaeffer 用胎心音电子装置对孕妇进行连续不间断的胎心音观察。1957 年，Edw ard Hon 表述了胎心率变化与宫缩之间的关系，开创了以腹壁引诱胎儿心电法监测胎心率的方法。1964 年，超声多普勒（Doppler）效应被用于临床妇产科，在胎心率检测方面取得成功，这为胎儿监护仪的使用普及提供了技术条件。1965 年，Edw ard Hon 胎儿头皮电极成功的应用，成为直接胎儿心电监护（内监护）的先驱者，该方法为胎心率监护的研究创造了科学理论条件。1971 年 11 月和 1972 年 3 月召开了两次关于胎儿监护仪规格化及用语统一化的国际会议，从此大量通用胎心监护仪在发达国家医疗市场普及。进入 20 世纪 70 ~ 80 年代，因集成电路及计算机技术的发展，使检查胎心信号的技术、自动分析仪器的自动控制更加精确，并且形成了一套完整的临床应用理论，电子胎心率监护逐渐代替了传统的听诊方法[11]。电子仪器胎心监护主要有四种类型方法：腹壁心电法、胎心音法、超声多普勒（Doppler）法和直接心电法，其主要不同在于获取胎心信号的技术方法不同，每种方法各有优缺点，现在国内外使用最为普遍的是超声多普勒胎儿监护仪。发达国家有研究通过纤维光束进行胎心率监测，以求得连续准确记录的胎心率图，并同时监测胎儿的 PCO2 及血 pH 等。但我国国内尚未实现。

自胎心监护仪问世以来，在临床产科工作中得到了较高评价。围产医学工作者大都认为，胎心电子监护仪具有其巨大的优点：①操作方便，使用简单，效果明显。②可在整个产程中连续不间断进行监护，对掌握产程变化及其进展有重要的作用。③正常胎儿监护图形是胎儿状况良好的表现，结合实际临床及其他检查结果，能减少不必要的干预。④轻微胎儿低氧便可出现异常图形。可早期发现胎儿缺氧，预防胎儿酸中毒。⑤通过无刺激试验（NST）能了解胎儿储备能力。通过宫缩试验（OCT 或 CST）了解胎儿对一过性负荷的反应，决定分娩方式。因此，胎心监护成为现代产科诊断与处理的重要依据。

6.5.3　远程胎心监护及应用

远程胎心监护系统主要由监测硬件、智能手机 APP 和医生系统（信息分析中心）组成，如图 6.29 所示。监测硬件是系附式 CWFM1 微胎

---

[11] 郑俊娥. 产时间断及连续胎心电子监护对低危妊娠剖宫产率及围产儿结局的影响[D]. 山东：山东大学, 2008.

心监护仪，采用 9 晶片医用多普勒超声探头设计，信号范围为宽波束，超声频率为 1MHz，配有蓝牙，可传输数字信号至智能手机 APP，胎动信息在智能手机 APP 界面进行点击采集，通过移动互联网实现数据上传和结果反馈[12]。

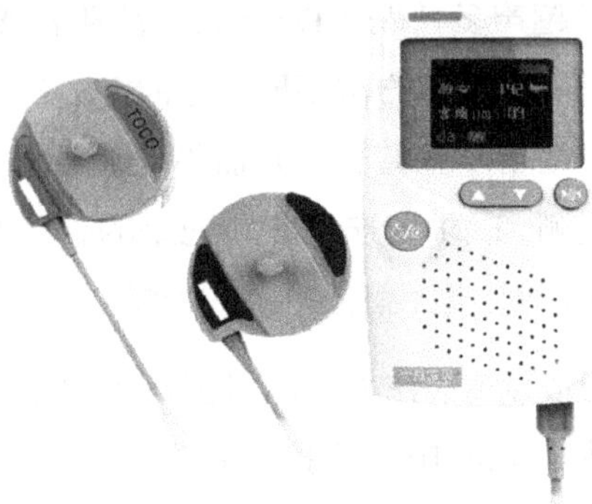

图 6.29　远程胎心监护

在孕期，孕妇最关心的就是胎儿的发育情况，胎心监护将胎儿心率的曲线和宫缩压力的波形图记录下来提供给临床进行分析，正确评估胎儿在宫内的情况，以及胎儿的发育情况。胎心监护主要是记录胎儿心率受交感神经和副交感神经调节，通过信号记录胎心变化所形成的曲线，可以准确掌握胎动、宫缩时胎儿心率的反应，以评估宫内胎儿有无出现缺氧的情况。正常妊娠应该从孕晚期开始每周都做一次胎心监护，如孕妇有合并症或并发症，应该从怀孕第 28 周左右开始做胎心监护。

通过远程胎心监护方式，智能手机下载安装远程胎心监护 APP 软件后，根据手机号码完成与胎心监护仪的配对绑定，胎心监测完后可实时上传至医院服务器信息分析中心，医护人员可受理监护数据，并进行判读、打印，以及与孕妇进行互动交流[12]，如图 6.30 所示。

---

[12] 何茹碧，吴云涛，缪华章，等. 基于互联网的移动远程胎心监护的实现和一致性评价[J]. 中国妇幼卫生杂志，2016 (1): 5-7, 17.

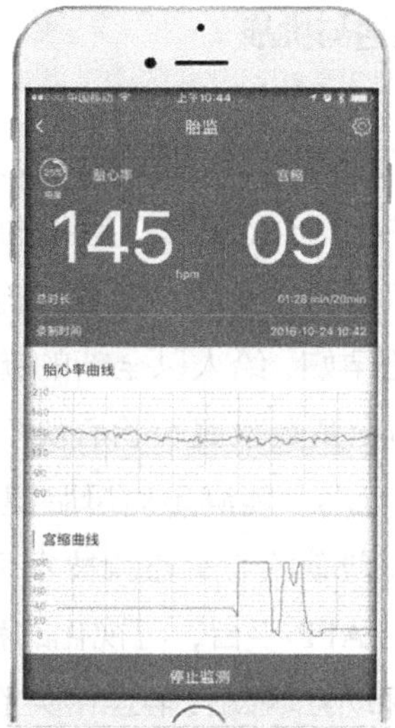

图 6.30　手机端胎监显示

孕妇可以在家中使用远程胎心监护应用终端，监护仪可对她及其胎儿进行监护，如孕妇感到有不适或胎动、胎心不正常时，通过网络实时将监护信息传到监测中心，并能及时得到医生的合理意见。在边远的地区，孕妇只需租用一个监护中心的终端监护设备，随时都可得到监测中心的指导服务。这样不仅减少大医院患者拥堵、看病难的问题，还能节省时间并及时得到胎心监护及处理指导；同时还提高了对孕妇及胎儿情况的监护效果，大大减少了孕产妇及围产儿死亡率及发病率，对保障围产期保健质量有良好效果。根据临床分析，高危孕妇如妊娠期糖尿病、妊娠期肝内胆汁淤积症、胎儿生长受限、妊娠高血压综合征、脐带绕颈等的孕妇，应用远程监护得到的胎心异常的几率大大高于在医院中监护发现的异常几率。这样使胎儿宫内缺氧情况能得到及时判断及处理，使胎儿死于宫内、新生儿窒息的发生几率明显降低。

6.5.4 远程胎心监护的机遇与挑战

随着智能手机、移动通信技术的发展以及区域妇幼信息系统的使用，将互联网与远程监护相结合，连续、完整的远程胎心监测、系统的个人档案管理为医护人员提供了全方位的医疗服务平台，及时、有针对性和可视化的结果反馈给孕妇，给人以全新的就诊体验，是目前国内学者关注的热点。目前市面上多数家庭版胎心仪不仅能听取胎心音，还有相应移动 APP 平台进行互动，能满足对母胎健康远程监护的需求。远程便携式超声探头使用多普勒胎心率监测技术采集信号，信息通过无线蓝牙技术传输至智能手机 APP 平台，可视化的移动 APP 既可以经监测数据通过无线互联网或移动互联网传输至中央监护信息中心，也可以接受医生系统反馈回来的指导信息[12]。

远程胎心监护在提高高危妊娠系统管理质量方面得到公认。过去，利用有限电话网络实现的远程监护，因便捷性和信息反馈不够等主要原因未得到普及应用。现在，基于移动互联网的远程胎心监护悄然兴起。随着移动医疗服务系统的使用，在就医便捷性、公平性及公开性等方面带来了全新的就医体验，通过智能手机获取保健知识、检测结果的渠道已经成熟，且需求越来越大，远程胎心监护可以使医疗保健机构更加科学、合理地进行孕期保健管理，给孕妇以时间和空间上的便捷，相信在不久的将来基于互联网的移动远程胎心监护会迅速普及应用。随着区域孕产期保健服务系统的建设和应用，与远程胎心中央监护系统对接，将孕妇的保健个人信息与监护数据对接，更及时、全面地掌握母胎健康状况，同时通过区域信息平台及时协助基层医疗机构判读监测结果，可以提高优质医疗资源获取、增加孕期保健服务可及性，从而保障母胎健康[12]。

在具体实施过程中，远程胎心监护系统仅对胎心率做了单项连续监测，未与宫缩压力探头做联合监护，对宫内胎儿健康状况反映能力有限。同时，胎心监护图判读的一致性不高，主要受判读标准、人为因素、胎心监护仪器以及胎儿状态等影响，加之监测结果假阳性率较高，美国国立健康与人类发展研究所（NICHD）虽然在 2008 年统一了胎心监护判定标准，但很少对远程胎心监护与院内有线监护效果进行一致性评价研究[12]，所以还有许多问题需要进一步解决。

6.6 智能温度计

6.6.1　认识温度计

温度计是可以准确地判断和测量温度的工具，一般家庭中都会备有。随着科技的进步，温度计的种类也是越来越丰富，从传统单一的水银温度计，逐渐地发展到了电子式温度计、红外线温度计。

1．水银温度计

水银温度计是一种传统的体温计，由玻璃制成，内有随体温不断升高的水银柱，如图 6.31 所示。水银温度计具有测量结果准确、稳定性高、价格低廉等特点[13]。水银温度计中含汞，汞对人的身体危害巨大，一旦汞蒸气吸入体内，通过血液循环会深入到人体各器官组织，还可以穿透血脑屏障，损坏人体的中枢神经系统。汞进入人体后转化成甲基汞，对正在发育的宫内胎儿和小婴儿造成巨大危害，且甲基汞还能伴随食物链上升而聚集在人体中，由此威胁到我们的身体健康。一支水银温度计

[13] 目前市场上体温计的种类有三种[EB/OL]. http://blog.sina.com.cn/s/blog_1413703a90102w4an.html, 2015-07-08/2017-04-13.

汞的含量约 1g，在被打碎后，汞全部外泄蒸发，能使 45m^3 的空间内汞的浓度达到 22.2mg/m^3，而人在汞浓度为 1.2 ~ 8.5mg/m^3 的环境中，就会引起汞中毒。因此，考虑到汞危害，在许多国家都已经对水银温度计采取了禁止使用的措施。

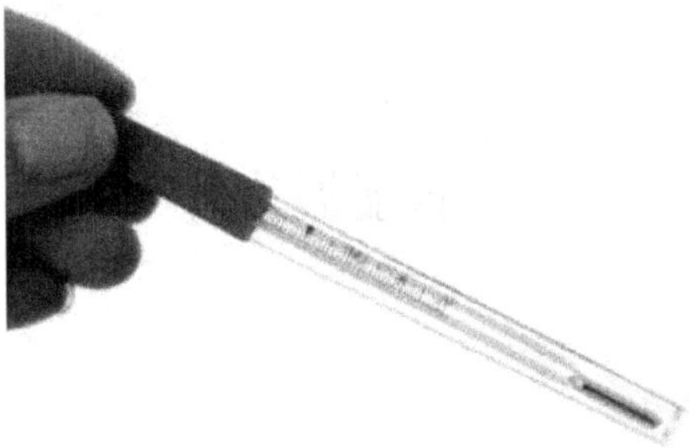

图 6.31　水银温度计

2．电子温度计

电子温度计利用特定物质的物理参数，如电阻、电压、电流等，与温度之间存在的固定关系，将体温以数字的形式在温度计上显示出来，如图 6.32 所示。电子温度计读数方便、测量时间很短、并且不含汞，对人体健康及环境无害。其劣势在于显示的读数准确度受自身供电状况等因素影响，不如玻璃温度计准确。

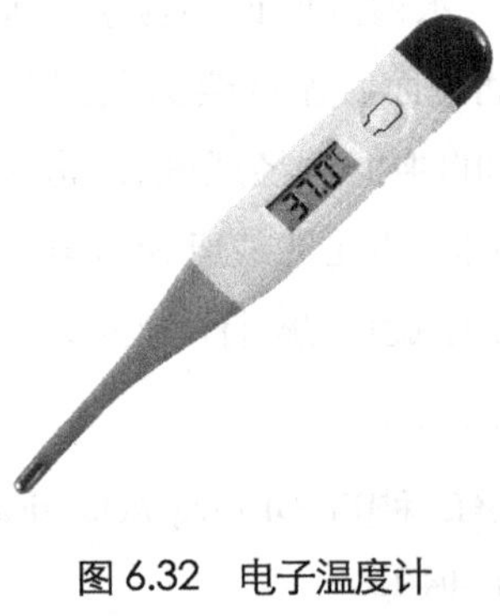

图 6.32　电子温度计

3. 多功能红外线温度计

多功能红外线温度计是通过红外线来进行体温的测量，与电子温度计相比测量时间更短、速度更快，红外线温度计可分为接触式和非接触式两种。接触式红外线温度计常见的有耳温计，只需要一秒钟，就能从耳朵测到准确的体温。当宝宝连续发烧时，可以随时随地进行测量，方便快速获得体温变化情况。使用时只需轻轻拉直耳道，将感应的测温头插入耳道，按上端的测温按钮持续一秒钟，即可从液晶屏上读出精确到小数点后一位的准确体温，此器械安全有保障，在使用时及时更换保护胶套，可避免细菌传染，即使全家人共用一个也非常安全。额温枪是最常见的非接触式红外线温度计，只需将感应探头对准人的额头，按下测量钮，仅需几秒钟即可获得测量的数据，非常适合急重病患者、老人以及婴幼儿使用，如图 6.33 所示。但在使用初期，由于使用者对这种操作方式不熟悉，可能会得到多个不同的测量值，这种情况一般是实测最大值即是所要数据[14]。使用者熟悉操作后会比较喜欢使用这种温度计。同时，考虑到汞对人体的危害，越来越多的家庭开始使用这种更快速、更安全的红外线温度计。

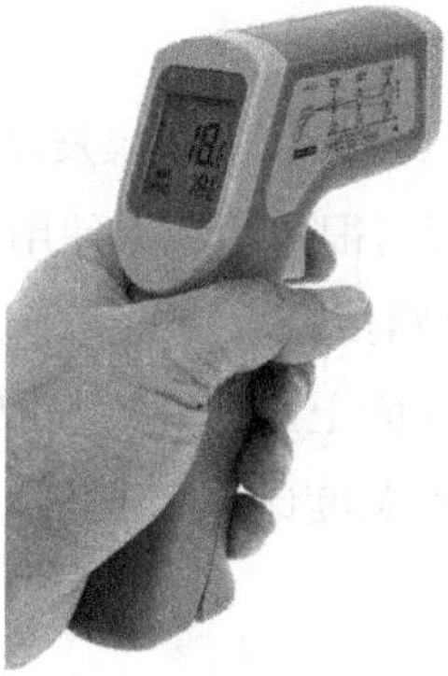

图 6.33　多功能红外线温度计

[14] 王艺多. 体温计别乱用[J]. 品牌与标准化，2012 (1): 25.

6.6.2 温度计的前世今生

温度计在临床应用虽然已经有半个世纪的时间，但它的发明创造却花了近三个世纪。温度计的发明应该从 1592 年说起，著名意大利生物学家伽俐略成功地发明出世界上第一支温度计。那是一根直形细长有刻度的玻璃管，一端是封闭的，呈球形，另一端未封闭插在水里，当气温发生较大变化时，玻璃管里的水柱高低也发生变化[15]，但是因为实验用的水是暴露在大气里面的，玻璃管里面的水柱升降除了受气温高低的影响外，还受到大气压力的影响，因此不够准确。12 年之后，他的学生为了解决这一问题，将酒精代替水，发明了一种不受大气压力影响的温度计，并第一次被意大利医生圣托里奥教授用于测量人体的温度。10 年之后，意大利人阿克得米亚又采用水银代替原有的酒精制成另一种温度计。就此，这种温度计开始在临床诊断中广泛应用[15]。1867 年，英国伦敦的奥尔巴特医生根据人类使用温度计的特点和需要，又改良出一种专门用于测量人或动物体温的温度计，这样，温度计才算是真正的诞生了，并一直被沿用到现在。随着现代科学技术的发展，温度计也在不断地更新换代。1984 年，芬兰的一位医疗器械设计师又研发了更加方便、准确的电子温度计。

鉴于传统的水银温度计里面汞的污染及其易破碎、对人体有害、测量时间过长等缺点，现在已有很多医院在使用电子温度计，这一事实证明，电子温度计的性能已非常接近水银的性能。新型的智能电子温度计，在稳定性、连续性及测量时间上比传统的水银温度计有着明显的优势，精确度要求也与传统的水银温度计不相上下。

---

[15] 苑青. 伽利略与第一支温度计[J]. 保健时报，2007.

6.6.3　智能温度计的应用

智能温度计的工作原理一般是利用物联网 RFID 技术，将热敏体温传感器采集到的人体体温数据进行模数转换，再通过蓝牙或 WiFi 技术将数据传输给智能手机或云端服务器上，载体多种多样，其作用如下：

（1）体温自动连续监测，常见的蓝牙穿戴式智能温度计比如表式温度计、蓝牙感温衣、蓝牙体温贴可实现体温自动连续监测，大幅减轻照护人员的工作时间与精神压力。

（2）发烧自动报警，当体温超过发烧临界值，比如大于等于 37.5℃时会自动警示。

（3）在智能手机 APP 上自动生成体温变化曲线图，便于直观分析与判断发退烧的趋势状况。

（4）云端监控与大数据分析，医生可在远程对病人进行诊断并提供治疗建议，当采集的人群数量足够庞大时可进行大数据分析与数据挖掘。

智能温度计如图 6.34 和图 6.35 所示。

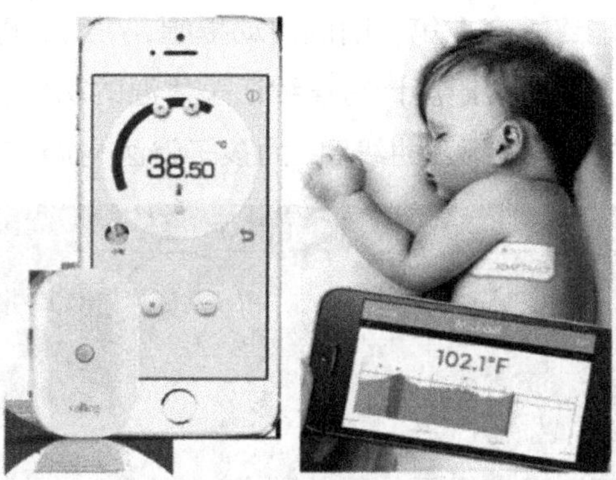

图 6.34　智能温度计（1）

智能温度计相对于传统温度计测量体温更加的精准，测量的过程非常人性化。目前市面的温度计大部分都是测量腋温的，智能温度计可以直接用医用胶布粘贴在腋下测量体温，24h 持续监测，可以高低温报警，并给出发烧处理建议，甚至可以测试水温，这些都是智能温度计相比于传统温度计的优势。

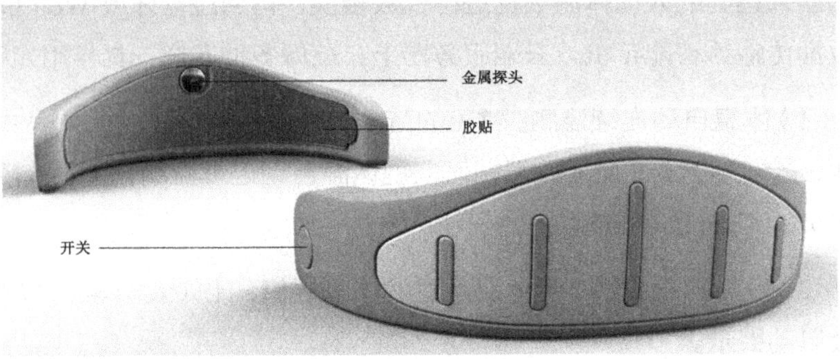

图 6.35 智能温度计（2）

对于发烧的孩子，父母最焦虑的可能就是他们体温的变化；但使用传统温度计不断地测量与记录，不仅让父母费神费力，更有可能打扰生病儿童的休息与睡眠。可穿戴智能温度计可以直接粘贴在宝宝腋下，持续 24h 不间断监测体温，如图 6.36 所示。在宝宝体温过高或过低的时候，手机上的智能终端会在第一时间自动提醒，帮助父母避免宝宝的热性惊厥。另外，因为智能温度计有连续记录体温的功能，还可以绘制出误差在±0.05℃的体温—用药曲线图，为孩子就医与治疗提供数据参考。

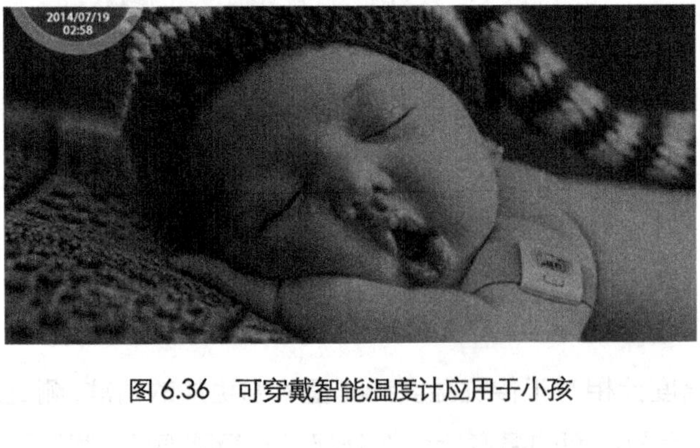

图 6.36 可穿戴智能温度计应用于小孩

对于备孕的女性，由于自身体温会有周期性变动，在卵泡期的时候体温较低，排卵日达到最低，排卵后体温会升高 0.3~0.5℃，所以连续一个月经周期的早晨测量自身基础体温，并且自己手绘基础体温表是预测自己易孕期的一件必不可少的备孕工作。但这却并不轻松（每天早间测量，测量者不能进食、喝水，身体不能动），而且准确率常常无法完全保证——因测量过程中有很多干扰因素，传统方法测量的基础体温只是一个近似值。据现有文献记载，基础体温测量准确率最高为 60%，一般为 50% ~ 60%。而可穿戴智能温度计，则可以帮助用户以固定的频率测量体温，在一夜 2 万多组的数据基础上计算出基础体温的基准点，并在手机 APP 中自动形成基础体温表，从而较为准确地测出备孕女性的易孕期，为备孕提供帮助。

6.6.4 智能温度计的机遇与挑战

有人的地方就有需求，有需求的地方就有市场，有市场的地方就有竞争。现在年轻的 80 后和 90 后的潮爸辣妈们都知道水银温度计存在被咬碎或摔碎后会出现水银中毒的风险，并且也希望有一些测温产品能够 24h 持续测温并且可以在温度异常时报警，所以穿戴式智能温度计的市场前景比较广阔，但重点需要注意以下问题方面：

（1）与专业医疗机构合作，快速地进行临床实验，提高产品的医疗运用场景的使用。例如，重症监护室 ICU 将是一个需求极大的部门，还有妇幼保健院等。

（2）硬件技术的快速迭代，尽快做到硬件设备的准确识别和连接，做到多人使用同种设备的情况下，监护人员或者医护人员可以快速而准确地进行人员对号入座，保证数据不混乱，同时不断提高续航能力。

（3）设计的优化，比如是否可以考虑把传感器设计到腋窝下，进行扣戴式设计处理，或者采用多个传感器设计也未尝不可，不过这个需要有大量的数据采样后才可以做温度平衡和补偿处理。

（4）随着云技术的发展，智能医疗设备有可能直接变成设备和终端一体化，单独显示和完成数据的采集和分析功能。智能终端的设备变成异地查看的设备装置。

（5）软件的交互更加简洁、操作简单，更注重用户或者患者的使用体验，把数据转化为人文关怀体验。

6.7 智能血压计

6.7.1 认识血压计

高血压是以体循环动脉压升高为主要临床表现的心血管综合征，在未用抗高血压药的情况下，非同日 3 次测量，收缩压≥140mmHg 和（或）舒张压≥90mmHg，可诊断为高血压。高血压是最常见的慢性病，也是心脑血管病最主要的危险因素，会引起脑卒中、心肌梗死、心力衰竭及慢性肾脏病等主要并发症，容易致残、致死。血压计可以测量血压，定期了解血压变化，从而加强对高血压病的防患，保持身体健康。

6.7.2 血压计的前世今生

1628 年，英国科学家威廉·哈维注意到当动脉被割破时，血液就像被压力驱动那样喷涌而出。通过触摸脉搏的跳动，会感觉到血压。18 世纪初，英国人哈尔斯用一根长达 9 英尺的玻璃管与铜管连接，并把铜管插入马的腿动脉内，血液在垂直的玻璃管内上升到 8 英尺 3 英寸的高度，即测出了马的血压。此后，法国人普塞利提出，为了方便观察测量血压时血液在玻璃管内的高度，事先在玻璃管内装入水银。于是，在此基础上，测量血压的方法又出现了一些变化。

1835 年，尤利乌斯·埃里松发明了一个血压计，它把脉搏的搏动传递给一个狭窄的水银柱。当脉搏搏动时，水银会相应地上下跳动。这是医生第一次能在不切开动脉的情况下测量脉搏和血压。但由于它使用不便，制作粗陋，并且读数不准确，因此其他的科学家对它进行了改进。

1860 年，法国科学家艾蒂安·朱尔·马雷研制成了一个当时最好的血压计。它将脉搏的搏动放大，并将搏动的轨迹记录在卷筒纸上。这个血压计也能随身携带。马雷用这个血压计来研究心脏的异常跳动。

1896 年，意大利科学家希皮奥内·里瓦·罗奇发明了不损伤血管的血压测定器，即如今医生所使用的血压计。这种血压计的结构，主要包括一个用以充气的橡皮球、可以被充气的橡皮囊臂带以及装有水银的玻璃管三部分。测量血压时，将橡皮囊臂带围绕人的大臂，用橡皮球充气或放气，用以阻断或恢复血液的流动，观察水银的脉动和高度，在刻度表上读出血压数。

1905 年，俄国人尼古拉·特洛特科夫再一次改进了血压测定法，即除了血压计之外，还需要借助听诊器。首先，医生将听诊器置于橡皮囊臂带下面的动脉处，用以监听脉搏，再挤捏橡皮球给橡皮囊臂带充气，直至不能听到脉搏，最后使橡皮囊臂带放气，则听诊器所听到的第一个脉搏声的水银柱高度，及其后脉搏声突然减弱时的水银柱高度，分别为动脉收缩压和舒张压。这种方法一直沿用至今，你会惊奇地发现，貌不惊人的血压计，已有 100 多年的历史。

现在血压计有电子血压计、水银血压计（压力计）、弹簧表式血压计（压力计）。电子血压计有臂式、腕式之分，其技术经历了“有气芯”的第一代（最原始的臂式与腕式）、“无气芯”的第二代（臂式使用）和第三代（腕式使用）的发展。水银血压计（压力计）和弹簧表式血压计（压力计）用于听诊法测量血压，必须配合听诊器，由医生或护士判断，得出收缩压、舒张压的读数[16]。

6.7.3 智能血压计及应用

智能血压计主要是利用多种通信手段，将电子血压计的测量数据通过智慧化处理上传到云端，让智能血压计的使用者及医护人员能够在任何时间、任何地点及时监测到使用者的测量数据，使用者及医护人员可通过微信、APP、大众健康管理平台等云端查看连续、动态、持续、即时的测量数据。

血压指数是很多中老年朋友很关注的问题，特别是一些患有高血压的朋友，对于血压问题更是关注，时刻关注血压指数变化。及时测量血压，不但有利于调整身体，也能及时避免高血压并发症对身体的伤害。智能血压计可持续性地对个人的血压进行监控，在云端保存连续的历史数据，为使用者建立永久的健康档案，可以对使用者健康及疾病状况进行分析、统计、报告及提供最佳健康及疾病诊断方案，及时了解和跟踪使用者的健康状况和进行疾病监控，实现健康与疾病智慧医疗的管理新模式。智慧化处理是指将人体健康数据采集并分析处理，通过多种通信途径利用互联网手段达到人机健康数据与管理平台的互联互通，平台通过数据分析、管理、医护服务达到与被测量者的互动，及时对高血压病

[16] 血压计的发明：仅有百余年历史[EB/OL]. http://www.360doc.com/content/12/0318/06/3838914_195288316.shtml, 2007.

人及并发疾病进行连续动态监测。目前，市面上主要有以下几种类型的智能血压计：

（1）蓝牙血压计。在血压计中内置蓝牙模块，通过蓝牙将测量数据传送到手机，然后手机再上传到云端。这种血压计很多，典型的代表如木木、九安 iHealth 和乐心。这种方式的优点是：①无线传输，不需要接线；②不依赖于外部网络，直接上传到手机。这种方式的缺点是：必须依赖于手机。测量血压时，要同时操作血压计和手机，很不方便。使用前要先做蓝牙匹配，对老人来说，比较麻烦。

（2）USB 血压计。这种方式与蓝牙类似。先用 USB 线将血压计和手机连接，测量数据先上传到手机，再传到云端。典型的代表如福满多。小米和九安合作推出的血压计也是使用 USB 连接，而且目前只匹配小米手机。这种方式的优点是接线简单；缺点是必须依赖手机，用户同时操作手机和血压计，比较麻烦。

（3）GPRS 血压计。这种方法通过内置 GRPS 和 3G 模块，利用无所不在的公共移动通信网络，将数据直接上传到云端。这种血压计的代表如倍益。这种方法的优点是方便，日常使用跟传统血压计一样，无需考虑手机，而数据随时可得。

（4）WiFi 血压计。这是最新式的，直接使用 WiFi 将数据上传到云端。这种方式兼具上面几种方式的优点：操作方便，不需要依赖手机，同时还不需要任何费用。它的缺点就是家里必须有 WiFi[17]。

iHealth 智能血压计没有了生硬难懂的血压参数，测试过程中，它可以反映出使用者的情绪变化、跟踪血液的压力变化，收缩压、舒张压、心率、测量时间、平均值、脉搏等，通过图表形式简单生动地表现出来，

---

[17] 刘淑敏. 基于可学习性的智能设备设计研究—以智能血压为例[D]. 北京：北京理工大学，2015.

并会做出改善建议，如图 6.37 所示。测量结果一目了然，简单易懂[18]。同时，当使用者测量结束后，测量结果会通过网络自动同步到云端，不论家人在哪里，只要打开手机 APP，就可以实时了解使用者的健康状况。还能设置提醒家人测量血压的时间，并在线医嘱[18]，如图 6.38 所示。

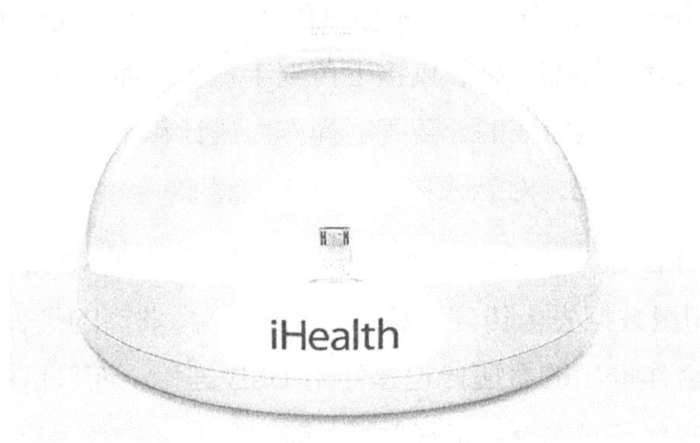

图 6.37　小米智能血压计 iHealth

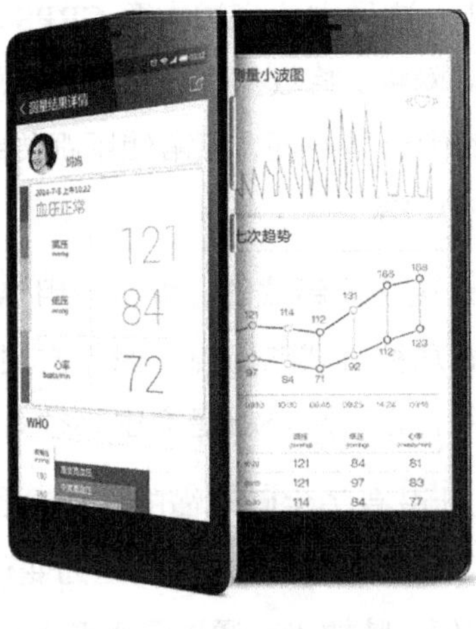

图 6.38　iHealth 测量结果

[18] 魏蔚. 小米联手 iHealth 推智能医疗设备[N]. 北京商报，2014-10-08.

乐心医疗在 2014 年发布了首款微信血压仪，是首批接入微信的智能硬件品牌之一。2016 年 4 月乐心医疗在广州“2016 年新品品鉴会”上公布了 i8 智能血压计，该产品引入了语音对讲功能，有助于实现老年患者和医生、儿女的直接交流，如图 6.39 所示。这款设备采用超越常规血压计的单通道技术，全新研发的 Power Filter 技术，实现加压与脉搏检测线性双通道分流，可自动分辨加压与脉搏信号，并只捕获脉搏信号，结合 FFT 滤波算法，做到医疗级精准测量，采用内置一体化自主专利气泵，相比传统血压计，测得更快、更安静，如图 6.40 所示。

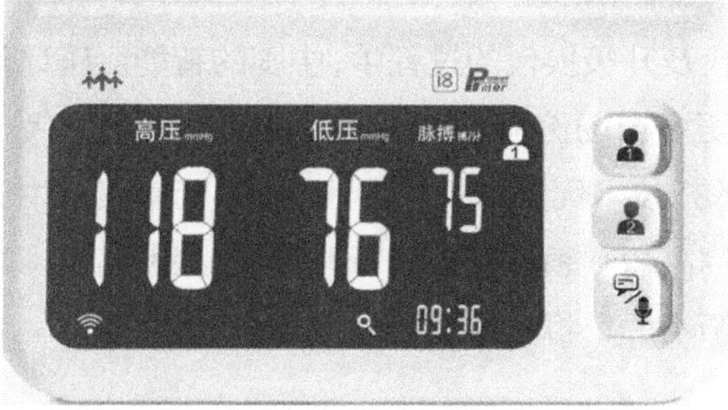

图 6.39　乐心 i8 智能血压计

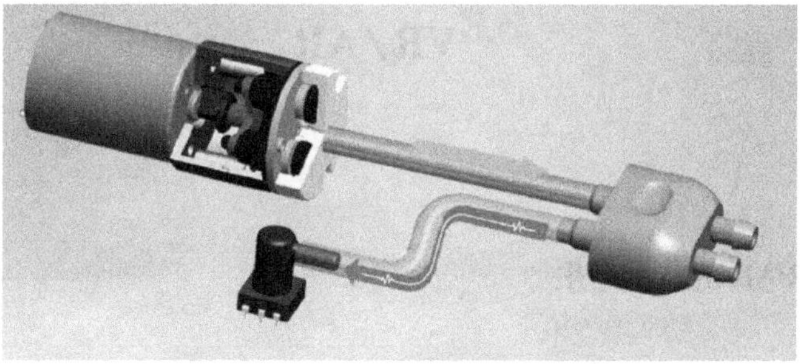

图 6.40　乐心 i8 智能血压计气泵

长期的血压数据有助于医生的跟进和分析，但手写记录却易忘、易丢失。乐心 i8 支持本地 20 组数据储存，每次测量结果也会自动上传到乐心云端，基于移动慢病管理系统，为每位用户建立完善、便于查询的健康数据库，由专业团队为个人定制一周血压分析报告及饮食建议。当父母在家中测量血压后，每次数据都会通过 WiFi 及时上传至云端，并实时同步到家属的手机上，同时还能邀请其他家庭成员一起参与父母的健康管理，实现家人共享。

6.7.4 智能血压计的机遇与挑战

在进口替代及升级换代的过程中，中国的智能血压计代工行业也有望在全球占据更多市场份额。中国的智能电子血压计代工行业增势强劲，跨国企业依托技术优势向农村加速渗透，而集聚在中低端市场的国内企业则努力向高盈利领域突破。“跨国企业垄断高端，国内中小企占据低端”的平衡格局，将有望颠覆[19]。

6.8 VR/AR

6.8.1 VR/AR 的前世今生

1935 年，有个小说家，叫“斯坦利 · 温鲍姆(Stanley G.Weinbaum)”，他写了一部小说，而这部小说就是以眼镜为基础涉及视觉、嗅觉、触觉

---

[19] 医械巨头聚集便携设备 移动医疗成趋势[EB/OL]. http://blog.sina.com.cn/u/2147175043, 2011-06-23/2017-05-10.

等全方位沉浸式体验的虚拟现实概念，被认为是首次提出虚拟现实概念的作品。

1957 年，莫顿 • 海利希（Morton Heilig）发明了 Sensorama，这是第一个 VR 设备，后来在 1962 年被其申请了专利。Sensorama 体积庞大、构造复杂，由震动座椅、立体声音响、大型显示器等部分组成，具有三维显示及立体声效果，能产生振动和风吹的感觉、甚至还有气味，感觉类似于现在的 4D 电影体验，如图 6.41 所示。据说 Sensorama 后来被引用到了空军，帮助空军以虚拟现实的方式进行模拟飞行训练。

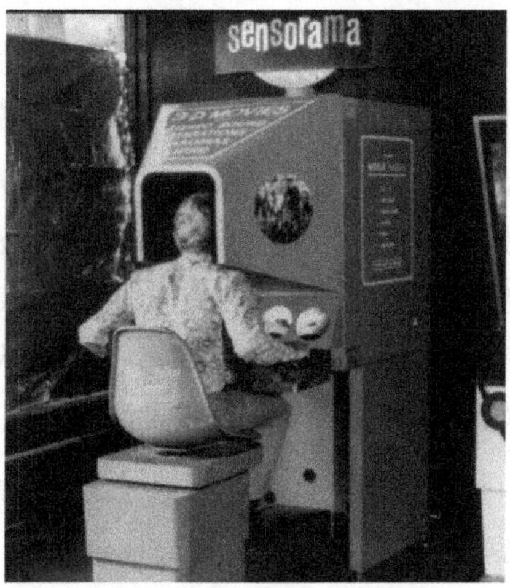

图 6.41　Sensorama

1994 年，日本游戏公司 Sega 和任天堂分别针对游戏产业而推出 Sega VR-1 和 VirtualBoy，引起了不小轰动，但依然没有普及，因为设备成本很高，并且在当时的环境，这似乎也过于超前了；同时其在技术上也依然面临一些问题，以 Virtual Boy 为例，游戏画面、故障等问题都不利于其发展，以至于最后使得 VR 的这次小小爆发以失败告终。

2012 年 Kickstarter 的众筹模式给了一个刚刚成立的公司 Oculus 一个机会，OculusRift 募资达 160 万美元，并且后来又被 Facebook 以 20

亿元的天价收购。Oculus 直接将 VR 设备拉低到了 300 美元（约合人民币 1900 余元，而同期的索尼头戴式显示器 HMZ-T3 高达 6000 元左右），这使得 VR 向大众视野深深地走近了一步。

自此，大小公司逐渐加入 VR/AR 团队当中，造就了当前的这波 VR/AR 火热状态。其中包括，2014 年 Google 发布了 GoogleCardBoard，三星发布了 Gear VR，同时苹果也加入了 VR/AR 大军。

6.8.2 VR/AR 应用之 VR+医疗

2016 年 VR+大爆发，喷薄出的花样商业化 VR+方案，不但惊艳了市场，也给创业者提供了一个发展方向。目前，VR 研发力度最大的无疑是 PC 级游戏，吸金融资最火的则是虚拟社交。但是，目前更具有投资价值的，其实还有“VR+医疗”的模式。VR 的某些成熟特性，已经在一些细分的医疗领域展现出更多可建设性。

“VR+医疗”的主要目的就是增强体验者的沉浸感，比如通过 VR 技术可以让医生和医疗专业人员体验到那些平时很少接触的手术，从而缩短医疗人员的培养周期。虽然我们不能从 VR 获得更为直接的治疗效果，比如从生理上恢复中风后的创伤、缓解慢性疼痛、改善帕金森病人的生理表现或减轻持续性的颈部疼痛等，但由于 VR 是以人体五种感觉（即视觉、味觉、触觉、听觉和嗅觉）通道和虚拟场景进行实时交互，达到沉浸效果的一门科学，而所有病症又和这些感觉通道密不可分，因此合理地利用 VR，对于诊疗和培训，都将起到非常好的辅助作用。例如，有时我们看到火会觉得热（视觉与触觉的相通），我们可以通过虚拟场景的设置，来转移患者注意力，进而达到治疗的目的，人们称它为“意识上的麻醉药”。

作为将虚拟现实技术应用于医疗的全球开创者之一，斯坦福 VR 医疗研究院主任 Walter Greenleaf 认为，VR 与医疗的结合可以体现在三个方面：

1．医疗培训

在医疗教育培训中，医学院学生们的实践动手能力以及经验的积累一直非常重要，但是医学生们都只是局限于书本的学习，看到的都是平面的东西，缺少立体的概念，无法产生互动。如果运用 VR 技术可以直接在虚拟场景里熟悉医院的整个流程，帮助医学生更快地掌握解剖结构关系，在保护患者隐私的同时，还可以降低教学成本[20]。

Sonocard Project 是德国国家信息技术研究中心开发的一种交互式应用软件。借助于 Virtools VR Pack，该应用软件可通过因特网或企业内联网，更好地为学生提供课堂环境下的医疗培训。这种极其详细的 3D 模型所产生的真实感，使学生能够像在现实环境下一样进行各种各样的心脏病理实验。Sonocard Project 致力于通过完全以研究案例为基础的学习课程，更好地提供心脏超声波检查方面的医疗培训和教育。这些课程包括大多数成人心脏病理学（甚至极其罕见的病例）以及相应的超声波诊断[21]。

VR 设备在医疗教育和培训上是一个物美价廉并且能够提高参与度的选择，通过 VR 设备提供逼真的模拟环境，让使用者能够在身临其境的情况下，得到比传统方式更多的锻炼和技术技巧知识，在模拟外科手术上大展身手。另外通过使用 VR 设备来提高医护人员的技能也比较安

---

[20] 娄岩. VR 竟然是意识上的麻醉药，看病时感受就是不一样！[EB/OL]. http://jydq.cena.com. cn/2017-04/06/content_357434.htm,2017-04-06/2017-05-10.

[21] 虚拟现实知识[EB/OL]. https://wenku.baidu.com/view/47df1dde6f1aff00bed51ed7.html, 2012-02-26/2017-04-26.

全，不然哪有那么多“人体”提供给这些初生牛犊的医生去尝试，现阶段，像 Next Galaxy and VR HealthNet、zSpace 这些公司就积极主动地参与到用 VR 设备培训医护人员的队伍中，zSpace 推出了一款医疗教学 APP，就是通过使用 VR 设备让学生们深刻体会到做手术的感觉[22]。

Medical Realities 公司研发出 Bioflight VR 给医护人员和医学院学生提供技术训练的实时体验。Bioflight VR 通过以下三个部分致力于给医护人员提供身临其境的外科手术体验：一个头戴式显示器、两个单手持控制器、一个能于空间内同时追踪显示器与控制器的定位系统（Lighthouse），如图 6.42 所示。

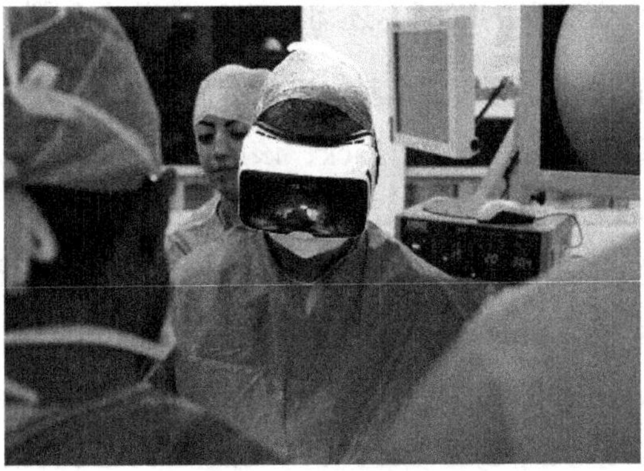

图 6.42　Bioflight VR

2．临床诊疗

VR 技术可以帮助医院的低年资医生更容易理解各类手术的操作路径；在远程医疗方面，VR 技术可以让外地患者的各种生理参数都反映在医疗专家面前的虚拟患者身上，专家们便能及时做出结论，并给出相应的治疗措施。在远程外科手术时，手术医生在一个虚拟患者环境中操

[22] 讲讲 VR 在医药领域发展前景[EB/OL]. http://blog.sina.com.cn/blog_8e2b447c0102vsjr. html, 2015-10-09/2017-7-17.

作，控制在远处给实际患者做手术的机器人的动作。除此之外，如何在实际的临床操作中提高成功率、减少失误率、缩短操作时间等方面，医患双方最大的共识就是精密仪器等必要手段的引入。所以，在术前准备和术中辅助中运用 VR 技术，是有很大价值的。如 VR 技术可以在医患沟通中，让患者及家属更直观更好地理解手术方案，获得充分的知情和选择的权利，增进医患双方的理解，减少医患矛盾。

以色列的研究人员开发出一套“电脑辅助康复环境系统”，通过模拟划船、打球、慢跑等各种情景，来帮助残障人士改善平衡能力，恢复身体的运动机能。足部神经受损的博罗夫斯基就在接受“电脑辅助康复环境系统”的治疗。比如，系统模拟“海上冲浪”，大屏幕上会显示冲浪的场景，博罗夫斯基脚下的踏板会根据设置好的程序相应的摇动，他必须通过调节身体的姿势来保持平衡。同时，连接在他身上的传感器还能把各种身体体征数据传回电脑，以便医生调整训练强度和难度。丰富的影像和新颖的训练方式，让患者像在做游戏一样，更能提高患者本身的主动性和积极性，加强训练效果，缩短住院时间，加快康复过程[20]。

3．医学干预

VR 技术适用于精神疾病干预和康复医疗干预。“精神科大多反映在大脑病态思维和情感等其他问题上，这些很难在真实场景中再现，用 VR 就比较容易实现对患者的训练或者治疗大脑情感的创伤。”上海市精神卫生中心院长徐一峰表示。VR 还能辅助治疗焦虑症、创伤后应激障碍症、自闭症等各种心理方面的疾病。在康复医疗方面，VR 技术可以干预患者做康复训练[23]。广州市正骨医院院长黄崇博说：“比如需要患者收缩股四头肌，由康复医生说出来，一般的患者并不知道该如何进行这个动作，用虚拟现实技术辅助，可以让患者身临其境地感受，引导

---

[23] 唐超. 当 VR 技术遇上医疗[J]. 中国医院院长，2017.

他们做更精准的康复治疗。”

康奈尔大学韦尔医学院焦虑和创伤性抑郁研究计划主治医生琼·迪费德发现，实践是治疗心灵创伤最有效的工具。她认为该方法可以帮助灾难幸存者走出心理困境。迪费德和其他研究人员为“9·11”心理后遗症患者研发了一套特殊的治疗方案。这套治疗方案已经实施了1年多，而且取得了满意的效果。让病人再次亲身经历灾难的一天似乎会引发新的恐惧。但迪费德解释说：“它可以引导人们控制和理智处理回忆，它让人在回忆中脱离恐惧，从而不再感到害怕。”[24]

近20年VR技术已经在治疗创伤后应激阻碍(Post-Traumatic Stress Disorder，PTSD)方面有所应用，主要是针对那些因为烧伤之后有强烈痛感以及长期处于恐惧和害怕状态的病人。一款叫做Bravemind的产品在帮助士兵克服应激阻碍，治疗那些有创伤的患者方面做得尤为出色，如图6.43所示。

图 6.43　Bravemind

Bravemind 是临床、互动、虚拟现实（VR）的暴露疗法工具，被用于评估和治疗创伤后应激障碍（PTSD）。它能够帮助医生循序渐进地

[24] 孙秀伟，阎丽，李彦锋. 虚拟现实技术（VR）在医疗中的应用展望[J]. 医疗保健器具，2007.

去刺激患者，让患者在医生的照顾下，慢慢恢复创伤处的知觉，实现痊愈的目的。

随着计算机技术的不断发展，VR 技术的日趋成熟，它的未来与潜在应用价值将是巨大的，而且在不远的未来，VR 技术有望渗透到医疗的方方面面。

6.8.3 VR/AR 应用之 AR+医疗

AR 技术在医学领域也发挥着独特的作用，可以帮助医学学习者建立对人体系统的立体动态概念，观察内部活动、模拟手术实践等。微软在 AR 眼镜的发布会上就展示了其在医学教育领域的潜力：只需随手一拨，就可以得到不同层次的人体结构，还可以单独观察某一器官的运动[25]。它可作为一种可视化手术辅助工具，用图像来指导外科手术的完成，协助医生在可视化环境下精确完成手术，赋予医生“透视功能”，使医生更加具体地了解病人体内的情况从而确定手术的精确位置。下面介绍几种 AR 技术应用于医疗的例子。

1．医疗智能眼镜

医疗智能眼镜是一款基于智能医疗系统的 AR 设备。它可以进行远程示教和远程急救，如图 6.44 所示。

智能眼镜可以解放双手，实时高清直播手术，向上级寻求指导，向下属分享手术教学资源。远程示教流程如图 6.45 所示。

---

[25] 蔡苏，王沛文，杨阳. 增强现实（AR）技术的教育应用综述[J]. 远程教育杂志，2016.

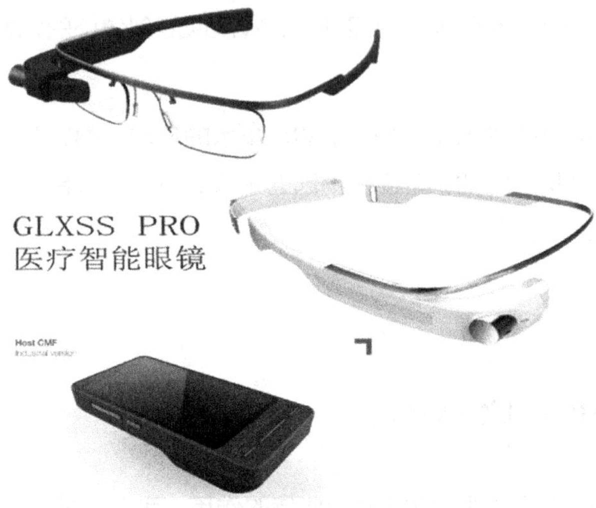

图 6.44　GLXSS PRO 医疗智能眼镜

图 6.45　远程示教流程

智能眼镜方便急救人员与医院后端科室实时互动，图 6.46 所示为远程急救流程。

同时，该智能眼镜所依托的视野智能医疗系统的近眼显示屏，可将其他仪器上的数据或造影图片根据手术需要显示在医生面前，使医生不必为了术中临时查阅患者的检查信息、对比手术预案等而离开手术台，大大提高手术效率。

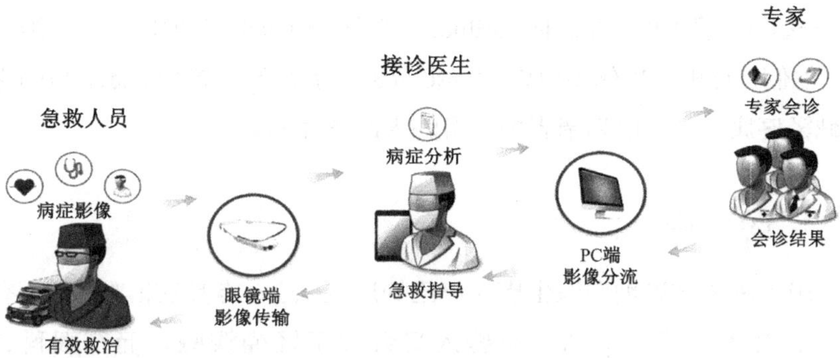

图 6.46 远程急救流程

2．AR 物理治疗头盔

Infinadeck 公司正在研究给跑步机配置 AR 头戴设备以用于物理疗法，为它设定几种功能，帮助中风患者改善平衡，减少帕金森综合征患者的跌倒次数，还可以让日常的锻炼健身、康复训练变得更加的有趣，如图 6.47 所示。

图 6.47 AR 物理治疗头盔

3．AR 康复室

利用 AR 控制疼痛并不是一个新的概念。华盛顿大学研究人员致力于 AR 疗法帮助烧伤患者减轻疼痛。在明尼苏达大学交互化可视实验室里，一组人利用配备 Google Cardboard 的智能手机可以创建一个三维环境，他们创建的 AR 体验可以指导患者进行虚拟的行走和冥想，帮助患者减轻疼痛，还可以为患者模拟身临大海的体验。

4. EyeDecide

患者需要准确地向医生描述自己的症状，这一点其实很难做到，有些人会夸大自己的症状，有些人又会过于轻描淡些。而在眼科，EyeDecide 可以在这方面为患者提供帮助，如图 6.48 所示。

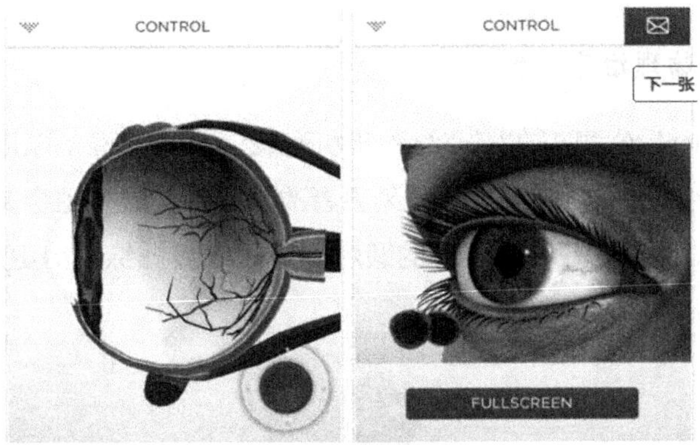

图 6.48　EyeDecide

EyeDecide 是一种医疗设备，它使用摄像头来模拟特定病情对一个人视觉的影响。使用 EyeDecide，医生可以向患者展示特定疾病引起的视觉模拟图像。例如，该应用可以模拟白内障患者看东西的效果，从而帮助患者了解自己的症状和医疗效果。如果患者可以体验到病情对自身健康的长期影响，就很有可能会做出积极的改变[26]。

---

[26] 脑洞不够用了 AR 医疗简直颠倒三观[EB/OL]. http://xw.qq.com/tech/20170209017849/TEC2017020901784903, 2017-02-09/2017-05-13.

5．AccuVein

初创公司 AccuVein 正在使用 AR 技术为护士和患者提供帮助。AccuVein 的营销专家文尼•卢西亚诺（Vinny Luciano）说，40%的静脉注射第一次都没有成功，当患者是儿童和老年人时，情况就更加糟糕了。AccuVein 使用增强现实技术和手持式扫描仪，向护士和医生展示患者身体中静脉的位置，如图 6.49 所示。卢西亚诺估计，这种技术将会用在 1000 万患者身上，将第一次就找准静脉的可能性提高 3.5 倍。这类技术可以为医疗人员提供辅助，并延伸他们的技能[26]。

图 6.49　AR 手持式扫描仪

除了这些应用之外，AR 在医疗整形、美容以及微创方面应用已较为成熟。来自美国加州的新创公司 Illusio 于前年发现此需求，并正式应用扩增实境技术于整形手术的术前咨询。其做法是藉由影像辨识技术与电脑程序的结合，将虚拟资讯扩增到现实空间中，相较于 VR 技术全面取代真实世界，AR 则是在现实空间中添加虚拟物件[27]。

例如隆胸手术中，首先令病患身着特制胸罩，医生利用 iPad 平板镜头，捕捉病人躯体曲线的影像，这些资料再交由 Illusio 开发的软件

[27] 吴佳男. 扩增实境（AR）：医疗应用前景可期[J]. 中国医院院长，2017.

应用程序计算，之后将不同罩杯、形状的乳房模拟影像投射、叠加在病人身上，以 360° 的 3D 影像呈现术后可能的物理变化，让患者可以直接观看“手术前”和“手术后”的改变。

专家认为，在未来手持终端硬件配置足够强大的环境下，VR/AR 技术可切入医疗机构的诸多重要诊疗环境：医生可在人体某些局部重要器官修补时，利用移动设备中的 VR/AR 技术模拟出整个修补后的效果以及修补中可能遇到的问题[27]。

6.8.4 VR/AR 的机遇与挑战

VR/AR 技术在医疗的应用中还有许多问题需要研究解决。比如电池，这不仅指电池的寿命，还有曲面形的电池，听起来非常简单，但是真正去做是非常难的。同时，软硬件的成本使 VR/AR 设备有着高昂的价格，这让很多人望而却步，VR/AR 设备难以普及。但是随着 VR/AR 相关技术的不断进步，各种软件和硬件设备的不断成熟和完善，大数据、物联网和互联网等技术的发展，医疗数据库的不断补充和完善，VR/AR 技术在医疗等领域的应用前景非常巨大。

第7章

可穿戴医疗设备应用案例

7.1 可穿戴医疗设备在孕幼医疗中的应用

7.1.1 背景

2015 年以来，党和国家对“互联网+医疗健康”高度重视。党和国家领导人、卫生计生系统多次做出重要指示并发布政策文件。习主席在 2016 全国网信工作会上要求“实施互联网+医疗健康，促进公共服务均等化”；国务院《关于积极推进“互联网+”行动的指导意见》鼓励互联网与医疗结合；《十三五规划纲要》、2016 全国卫生与健康大会都对实施网络强国战略、“互联网+”行动计划做了部署；国家卫计委和四川省卫计委近年来先后出台若干创新政策支持“互联网+医疗健康”发展。“互联网+”已成为全面深化医改、服务人民健康的重要动力，是“健康中国”建设的重要一环。

为贯彻“互联网+行动计划”，推进“互联网+医疗健康”与医学科研及临床医疗服务创新融合，解决传统妇儿医疗服务“三长一短”、均等性低、可及性差的痛点难点，四川大学华西第二医院近年来一直积极创新探索医疗信息化服务模式。

产科是四川大学华西第二医院的传统优势学科，学术科研实力雄厚。近年来随着全面二孩政策的实施，产科临床医疗服务需求激增，预计今后将进入长期上升通道。国家卫计委副主任王培安称，2010 年以来，我国总和生育率在 1.54 ~ 1.64 波动。全面两孩政策实施以来，累积的生育势能还在不断释放，预计“十三五”期间总和生育率将在 1.8 上下波动。为解决产科医疗服务规模大、质量要求高、社会各界普遍关注等热点问题，四川大学华西第二医院采用了孕宝 APP 这一移动互联网产科医疗健康服务平台，创新产科服务和产科管理。

目前，孕宝 APP 已取得系统化的科研创新、临床应用成果，受到广大孕产妇及其家属用户的高度评价，成为当今“互联网+产科”的一颗新星，总体平台技术已达到国内领先水平。可穿戴医疗设备对健康数据的采集在此项目中得到了很好的应用。

7.1.2　功能简介

孕宝 APP 是根据产科特点而量身打造的全流程移动应用，覆盖了孕前、孕中以及孕后三个阶段，建立起了一站式服务平台。

孕宝 APP 主要包含医生端以及用户端两部分。用户端主要包括如下功能。

1．全流程就诊

全流程就诊包含了虚拟就诊卡、预约挂号、诊间缴费、在线建档、报告查询、报告解读、产检提醒、门诊提醒、儿童保健、儿童疫苗和知识库等功能。

1）虚拟就诊卡

离医院较远的患者没有就诊卡，只需要通过在孕宝 APP 填写相关资料，提交申请到医院，医院相关人员进行审核通过后自动在 APP 上生成虚拟就诊卡。有实体卡患者直接绑定就诊卡即可。患者在就医时点开孕宝 APP 就诊卡界面，医护人员通过扫描枪扫描虚拟就诊卡即可实现传统就医过程中的刷卡操作。四川大学华西第二医院推出虚拟就诊卡后减少了实体卡成本支出，解决了患者常丢卡的情况，极大地方便了患者。上线以来成功注册虚拟卡的用户已经超过 10 万人次。

2）预约挂号

孕宝 APP 在医院主页具有在线预约挂号功能，用户点击预约挂号，选择科室后就可查看到医生并进行预约挂号及缴纳挂号费用的操作。当挂号成功后，用户可在孕宝 APP 上查看当前医生接诊患者的排号情况，让患者有预期有目的的就医。

3）诊间缴费

当医生对孕产妇看诊完毕并开立医嘱后，用户可直接通过孕宝 APP 在线缴纳药费、检验检查费，减少排队缴费环节，改善就医体验。减少了患者排队等候时间，提升医院整体运行效率。

4）在线建档

在线建档流程：孕妇怀孕三个月后即可在孕宝 APP 上填写建档资料，医院工作人员在后台进行审核，最后完成建档。使用孕宝在线建档，用户不用去建档室手工填写建档信息，直接在孕宝提交申请，申请后医生线上完成审核，整个过程平均耗时 2 分钟，解决了孕妈妈到医院建档排队等待的问题，同时也极大地提高了医院的工作效率。系统上线运行以来在线成功建档孕妈妈人数超过 2 万，平均减少每位孕妇建档时间 40 分钟。

5）报告查询与解读

医院将产检结果通过 APP 推送给孕妇，孕妇可以在孕宝上查看完整的产检信息。此外，孕宝支持孕妇通过截图或照片的形式上传检查报告，医生可在线对报告情况予以解答，解决了孕妈妈在孕期的疑惑和烦恼。专家为孕妈妈解答问题 7 万余个。

6）产检提醒

根据孕妈妈的孕周，系统自动为孕妈妈提醒当前应该做的孕检项目，并给予相关提醒，让孕妈妈对产检更为了解，减少了对产检的困扰。

7）门诊提醒

孕妇在孕期首页可设置下次门诊时间，若医院为孕妇制定了下次的门诊时间，也可将时间推送给孕妇，到期 APP 将自动提醒孕妇到医院就诊，让孕妈妈不用担心错过门诊产检时间。

8）儿童疫苗

在育儿阶段，儿童疫苗是最重要的环节，孕宝根据国家相关标准提供了整个儿童期疫苗的全流程时间轴，让家长一目了然地了解疫苗的情况。

9）儿童保健

儿童在成长过程中都会定期到医院做儿童保健，到每个阶段都会有相应的监测和指标，通过孕宝将儿童保健相关内容加入进来，让父母清楚地知道到什么时间应该带小孩做什么监测，并能够知道自己小孩在同龄人群的发育状况。让父母更加了解自己小孩的情况。

10）知识库

整个孕前、孕中和孕后都涵盖了很多知识，为了让孕妈妈能够集中了解相关知识，孕宝将这些资料形成了知识库，包括能不能吃和能不能做等知识，让孕妈妈很好地了解各个阶段的相关知识。

2. 在线服务平台

孕妈妈在整个孕前、孕中和孕后都可积极主动与医院、医生互动，拉近孕妈妈和医院之间的关系。平台涵盖在线导医、孕学堂、专家互动、视频点播、意见调查、新闻公告、医患互动等功能。

1）在线导医

孕宝开设在线导医功能，患者在家就能咨询导诊台相关的就医问题，护士通过孕宝后台（PC 端）可及时回答患者的问题，提升患者的就医效率与体验。解决了患者在诊前、诊后的咨询类问题，回答问题次数超过 35 万余次。

2）网上孕妇学校

（1）孕学堂：孕学堂模块提供了医院开设的线下孕期讲座的课程表，孕妇可通过课程表直接查看相应的课程信息，并可在线预约报名。医院可通过孕宝后台的孕妇学校管理模块查看报名人数，或添加新的课程。孕妈妈可对医院开展的健康教育讲座一目了然，可以有计划地接受科普教育讲座。

（2）专家互动：孕宝 APP 不定期进行孕育课程直播讲座，免费向用户进行开放，回答一些用户的疑问，用户可在指定时间免费观看。解决了孕妈妈行动不便而又希望听课的问题，使优质资源从空间上和时间上都得到了极大的延伸，扩大了受众面。专家直播次数 17 次，观看人次超过 100 万。

（3）视频点播：对于前期已经录制好的优质视频也放到孕宝上，用户可在线观看学习。解决了孕妈妈对孕期知识了解的需求，随时随地都能学习专家的视频。点播总次数超过 10 万次。

3）意见调查

医院根据调查目的自主配置问卷调查内容，并发布到 APP，用户可在 APP 上查阅并完成问卷。医院在后台可以统计用户的问卷调查结果，便于医院更好地了解用户心声，同时做好改进服务。

4）新闻公告

在医院主页，医院可自主配置一些新闻公告模块，例如就诊指南、医院新闻等，并自主管理这些模块的内容，用户查阅相关的医院新闻、就诊指南后将会对医院的政策及就医的流程更加清晰。

5）医患互动

开通问答与圈子功能，提供孕妈在线交流的平台，孕期疑问、育儿难题、身体变化、情感心理，都可以通过孕宝问答与圈子进行交流，让孕妈在孕期不再枯燥无聊。同时医院可以更便利地收集用户反馈，通过圈子查看用户对医院工作的建议。解决了医患之间的沟通障碍，建立了患者和医院之间沟通的桥梁。圈子总帖子超过 50 万。

6）就医经验

就医经验模块是用户自主分享同院就医经验的平台，医院可通过后台进行管理，支持发布新的就医经验和删除不正当的言论，同时医院还可将圈子里面一些相关医院的优质帖子作为就医经验移植到该模块。

3．用户健康档案管理

用户可在孕宝上手动或者通过智能硬件设备记录孕期数据，如每日的胎监、胎动、血糖、体重、腹围等数据，建立用户院外健康数据档案，医生可直接查阅自己患者的相关数据，帮助医生更全面地掌握用户健康情况。

4．互联网医院

1）网络诊间

网络诊间是为了方便患者远程就医而打造的网络诊室。医院或医生在孕宝医生端发布网络诊间排班信息，用户通过孕宝在线预约，医生在约定时间通过网络视频的方式接诊患者，并可在线为其开具电子处方和检验、检查单，所开药品可直接物流配送到患者手中或患者在就近的药店领取药品，并可直接到医院进行进一步检查，真正实现优质医疗资源下沉，让更多的患者更为方便地享受更好的医疗服务。

2）在线咨询

用户可以通过孕宝 APP 在线和产科医生进行一对一咨询。患者和医生可通过文字、图片、视频、电话、快速问诊的形式进行交流，医生可直接在手机上直接查阅到患者的健康档案信息（检验、胎动、体重、腹围、胎心、宫缩等），全面了解患者情况，给予患者准确的建议。每天孕宝平台开放一定数量义诊，免费为患者提供咨询服务。解决了孕妈妈在孕期遇到的疑惑，拉近了孕妈妈和医生之间的距离。在线问诊人次多达 2 万。

3）私人医生

私人医生是在线问诊功能的“升级”模块，其具体的操作方式与在线问诊一致。患者可根据需求选择一定时长（1～7 个月）的私人医生服务，在服务时间内，患者可无限次地咨询医生，而医生也会定期对患者进行回访，建立更为紧密的医患关系。已经定制私人医生的孕妈妈人数超过 5000 多。

5．智能穿戴设备

1）孕宝移动胎监仪

孕宝胎监仪是由成都迈迪克斯科技有限公司研发的最新产品，如图 7.1 所示，产品和目前医疗用探头一致，采用的是医用的 9 晶片的医用多普勒超声波探头，且功能相同。产品采用互联网技术，探头通过手机蓝牙连接，实现在院外做胎监，实时上传报告、接受报告，医生判读报告并及时反馈报告到孕妇手机终端。

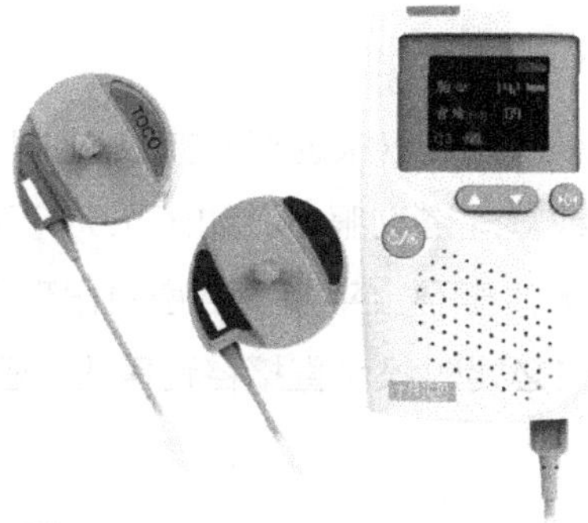

图 7.1　孕宝移动胎监仪

2）孕宝自助产检机

自助产检机是医疗设备的特殊应用，通过 APP、无线传输技术实现自助产检，如图 7.2 所示，包含的项目是产检中必查项目，如体重、血压、心率、腹围，孕妈妈能及时在“孕宝”APP 中看到检测数据，孕宝 APP 内设定有正常值范围，若有异常情况，孕妈妈自身即可发现，且能记录在 APP 的健康档案内，方便随时查看。

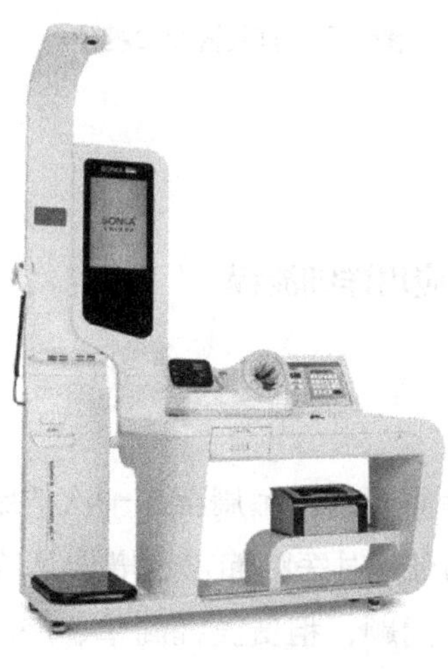

图 7.2　孕宝自助产检机

3）孕宝智能血糖仪

孕宝智能血糖仪，作为一个居家远程血糖监测工具，它内置数据传输模块、配套专业的血糖管理咨询服务，如图 7.3 所示。患者在家中测血糖后，血糖数据实时上传至孕宝平台，当患者出现血糖异常的时候，平台会及时提醒患者。在必要时候可直接咨询医生，避免糖尿病不良风险发生。

图 7.3　孕宝智能血糖仪

7.1.3　医疗可穿戴设备应用详细流程

1．移动胎监仪

孕妇从孕晚期开始需要进行每周至少一次的胎心监护，对于孕妇来说不断往返医院极不方便，对医院而言也增大了就诊压力。孕妈妈可采用孕宝胎监仪解决此类问题，租赁流程简单、产品使用方便。

使用流程如下：

（1）用户下载孕宝 APP，在孕宝首页选择“胎心监护”进行租赁及选择医院填写相关信息，如图 7.4 所示。

（2）患者在指定地点凭租赁订单领取设备。

（3）用户领取设备后连接蓝牙即可进行使用，如图 7.5 所示。

图 7.4　租赁步骤（1）

图 7.5　租赁步骤（2）

（4）孕宝胎心监护仪连接到手机上呈现出两条曲线，可同时检测胎心率与宫缩情况，每次使用完后孕宝 APP 会进行智能分析，分析此次监护有无异常，如图 7.6 所示。

（5）如果对智能分析结果有疑问可马上提交报告给医生进行实时判读，如图 7.7 所示。

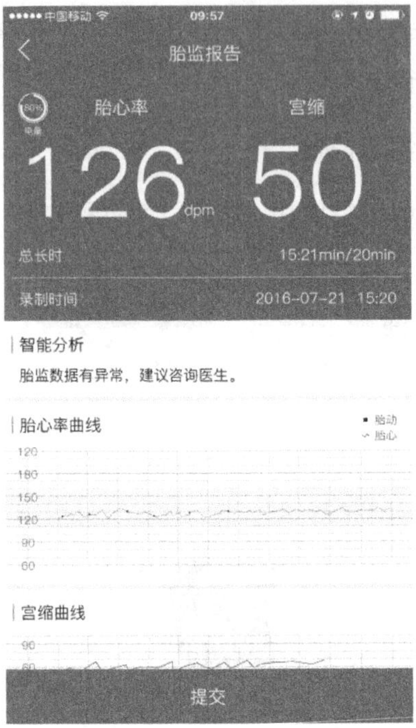

图 7.6　租赁步骤（3）

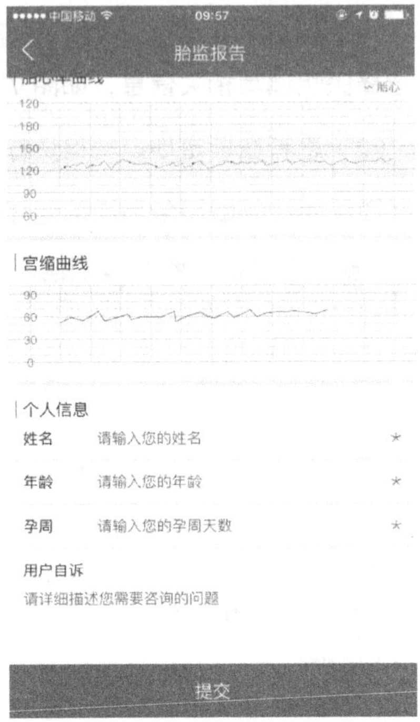

图 7.7　租赁步骤（4）

（6）医生解读后会把结果及时反馈给用户，极大地提升了胎儿的安全性，如图 7.8 所示。

（7）到期后用户归还设备并退还押金。

此胎心监护仪具有以下特点：

（1）准确性。医用级胎心监护仪，可完全替代传统床边机。

（2）安全性。孕妇不在医院也可以监测宝宝安全。

（3）智能化。技术先进，且能智能分析结果。

（4）简洁性。系统简单，容易上手操作。

（5）便携性。小巧方便的胎监仪，便于携带。

（6）院内院外均实用。没有空间的限制，可放在医院进行规模部署使用，也可在家自行使用。

（7）适用人群广泛。如临床上需要更多监护，但又不用住院的孕妇；自发希望更多安全监护的孕妇群体。

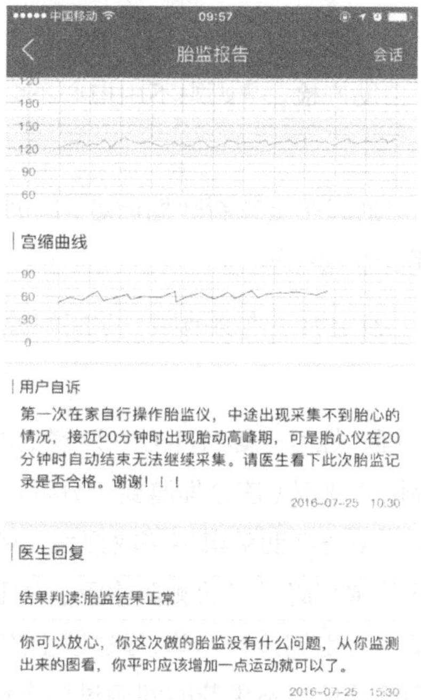

图 7.8　租赁步骤（5）

自孕宝远程胎监仪推出以来，用户达 2000 多人，产生胎监报告 1 万多份，通过远程胎监服务，及时发现了 10 人胎心异常，极大提升了胎儿围产期安全性。

2. 自助产检机

孕妇从孕中期开始就需要进行频繁常规产检，在基础产检上就要浪费大量时间，也增大了医院的就诊压力，若采用孕宝自助产检机，孕妈妈可自助实现相关检查项目，如体重、血压、心率、腹围等的监测。这样孕妈妈在看门诊医生前就实现产检数据自助测量。具体使用流程如下：

（1）用户下载孕宝 APP，绑定医院就诊卡。

（2）在自助产检机上刷本人就诊卡，或者直接用孕宝扫描机器上的二维码。

（3）进行门诊前自助产检。孕妈妈不用担心不会操作，机器可语音或视频指导患者操作。

（4）检查完毕后可通过孕宝查看数据信息，同时医院孕妇档案内也会同步相关数据，用于产检门诊。

（5）孕宝 APP 上设定有正常值范围，孕妈妈检查完毕后也可自行比对。

医院原有产检流程：挂号—等待叫号—诊室就诊—护士测量体重、血压、心率、腹围等相关数据（该过程需要十分钟左右）—医生问诊并开单。采用医疗可穿戴设备自助采集相关数据后，流程优化为：挂号—在机器上刷就诊卡或孕宝扫码后自助测量体重、血压、心率、腹围等—等待叫号—诊室就诊—医生问诊并开单。通过以上流程可以看出使用自助产检机后患者在门诊就诊前不用花时间通过护士测量体重、血压、心率、腹围等相关数据，利用等待时间自身便可直接在机器上测出数据然后进行门诊就诊。

此集成可穿戴医疗设备具备以下特点：

（1）准确性。医用级自助产检机，检测出的数据准确无误。

（2）安全性。机器对人体无任何损伤。

（3）智能化。技术先进。机器可语音视频指导患者操作，避免患者不会使用的情况发生；测量出的数据支持云共享，可支持上传到相应地方。

（4）便捷性。刷卡或扫描即可实现自助产检，一站式操作。且能直接在孕宝 APP 上查看数据。

（5）快速性。30s 内便可快速上传数据，避免长时间等待。

（6）美观性。外观高端大气，能够提供舒适的体验感。

此医疗穿戴设备的投入使用不仅为孕妇节约了大量等候时间，也为医院减轻了排队拥堵压力。

3. 智能血糖仪

妊娠期糖尿病患者需要长期进行血糖仪监测、饮食、运动、用药等方面的自我管理及学习，而传统的血糖仪仅仅满足血糖监测的需求，无法兼顾到糖尿病患者的其他个性化需求。导致许多患者即使监测完血糖，也不知道自己的血糖控制是否达标，或者还要做什么才能维持良好的血糖水平，离开了医生及医院后就更加手足无措，进而影响病情的良好控制，严重者可能会引发妊娠并发症的出现。孕宝智能血糖仪能帮助患者实现个性化、便捷化的血糖监测。具体使用流程如下：

（1）用户下载孕宝 APP，在孕宝上免费租赁智能血糖仪。

（2）通过孕宝智能血糖仪测量血糖并进行血糖、状态、运动、食物的记录，如图 7.9 所示。

图 7.9　血糖测量

（3）血糖仪采集的数据会同步上传到孕宝服务器，用户用孕宝 APP 可及时查阅所有的血糖记录信息，如图 7.10 所示。

（4）孕宝系统会进行自动分析，若监测血糖异常率大于 20%，APP 就会主动提示用户就医或咨询在线营养门诊服务，由专业老师为孕妈妈定制孕期血糖管理报表，其具体内容包括：监测方案、监测计划、饮食食谱、运动建议等，帮助用户有效控制血糖，如图 7.11 所示。

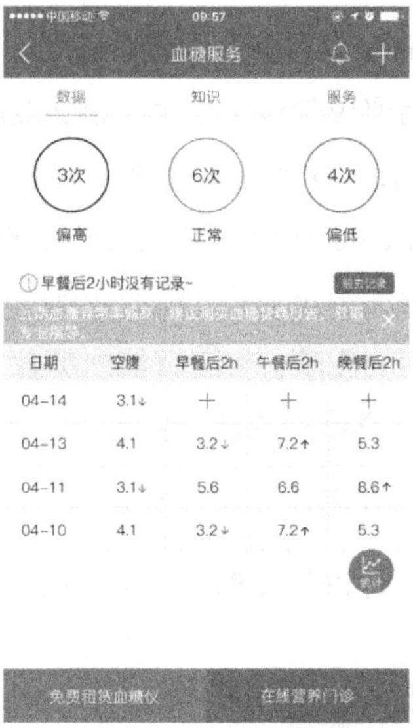

图 7.10　血糖记录信息查询

图 7.11　问卷调查

此智能血糖仪具有以下特点：

（1）准确性。血糖测试准确率符合国家标准，能够通过医院大生化比对。

（2）简洁性。设计符合临床使用的现实需求、简单易操作，患者可自行在家使用。

（3）智能化。孕宝血糖管理系统能够有效帮助医院进行患者血糖管理。

（4）安全性。患者自行在家测量，在孕宝 APP 上可比对血糖是否标准。如有疑问也可及时就医。

此可穿戴医疗设备的投入使用不仅提高了妊娠期糖尿病患者的安全性，也为医院患者血糖管理带来了较好的效果，一定程度上减轻了医护的工作负担、提升了工作效率、减少了人为误差。

7.2 可穿戴医疗设备在远程手术中的应用

7.2.1 应用背景

优势医疗资源稀缺与分布不均是我国医疗卫生领域目前面临的现状，也是亟待解决的问题之一。开展远程手术指导是解决上述问题的途径之一。国外对于远程诊断指导开展较早，2006 年美国宇航局对国际空间站上的宇航员就开展了基于超声影像的远程诊断指导，对于可穿戴式高清视频转播下的远程手术指导实际应用也较早。2013 年美国伯明翰阿拉巴马大学利用 Google 眼镜开展了远程虚拟手术，代表了该领域的研究前沿。

国内目前基于高清视频的手术示教系统已经得到了较为广泛的应用，有条件开展远程手术指导。但由于大多数示教用摄录设备都是固定的，并不能灵活全面地对手术现场进行转播，从而对专家的远程指导造成了一定的困难。因此提出一种基于可穿戴式高清视频转播技术，对固定摄录装备进行补充，可以更真实地还原手术现场，让专家可以通过手术医师的视角对手术过程进行指导，提高手术的精准度和成功率。

7.2.2 业务过程

基本业务场景包括手术现场和专家端两部分。首先，手术现场的医护人员通过可穿戴式移动摄录装置将手术部位以高清视频的方式通过快速网络实时发送至专家端，专家通过视频播放器观看手术过程。为使专家获得全面的手术信息，患者的生命体征信息也会与手术视频同步实时传送至专家端。在手术过程中，现场医师可随时向远程专家提出指导请求，专家团队可以对视频信号进行回放、截屏、圈点等操作，并结合语音系统向手术现场发送图像和语音相结合的指导意见，手术现场医师可根据指导意见继续完成手术[1]。整体业务场景描述如图 7.12 所示。

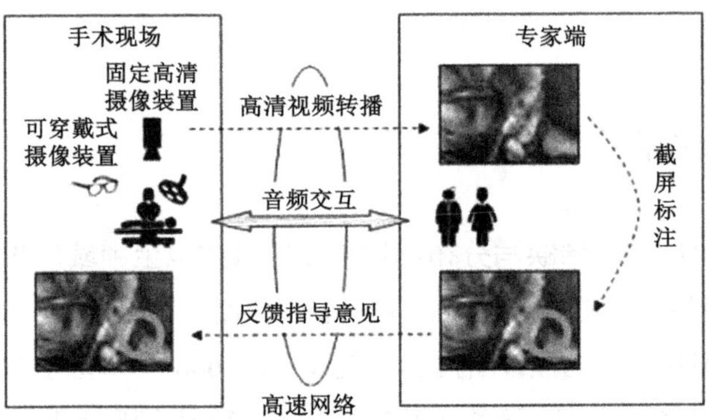

图 7.12　远程手术业务过程

我国远程医疗起步较晚，但近年来发展较快，各地都在探索远程医疗的新方法和新业务，开展了基于远程系统的实践工作。随着可穿戴式高清视频转播技术在远程医疗，尤其是远程手术指导方面的深入应用，必将能够提高专家资源的利用率，提升中小医院的手术水平。同时，远程手术指导系统仍存在一些问题需要研究和探索，技术上包括视频的稳定性、便携式设备的电池续航能力等，非技术上的问题包括患者及家属

[1] 张震江，黄柯，段然. 利用可穿戴高清视频录播设备进行远程手术指导[J]. 中国数字医学，2017.

对远程手术治疗模式的认同度、远程手术指导风险规避、指导方和被指导方的责任划分等[1]。

7.3 可穿戴医疗设备在家庭健康管理中的应用

四川省绵阳市第三人民医院始建于 1955 年，占地 130 亩，建筑面积 8 万余平方米，总资产 6 亿元，开放床位 1700 余张，是一所以脑系和老年医学为特色的三级甲等医院，系四川省精神卫生中心。绵阳市第三人民医院积极响应国家政策号召，持续加快自身医疗信息化建设，基于专业特色不断构建完善的患者服务体系，利用互联网创新技术和工具实现患者院内院外医疗信息数据的高效链接，为患者提供一个集中、高效和快速的数据访问平台。移动互联网 O2O 思想贯穿了整个就医流程，将原来传统的线下、近场服务全部移至线上解决，实现了手机端导诊、挂号、缴费、报告查阅、历次就诊记录查询。相关功能界面如图 7.13 所示。

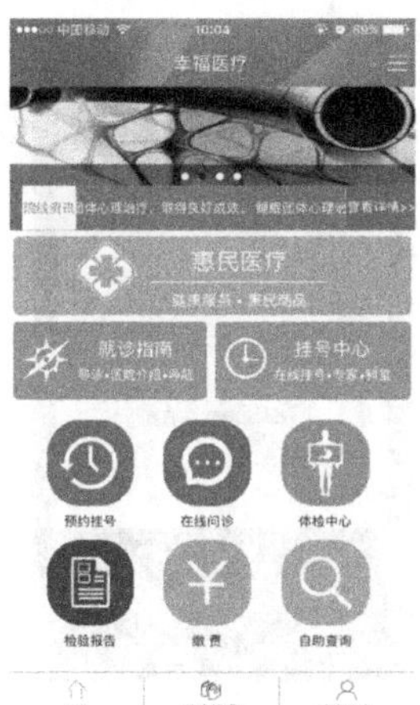

图 7.13　首页

医院简介、院内相关就医流程及医院位置导航全部置于手机端，患者足不出户可对医院进行全方位了解，结合自己患病情况，通过导诊功能引导挂相关科室专家号，如图 7.14 和图 7.15 所示。

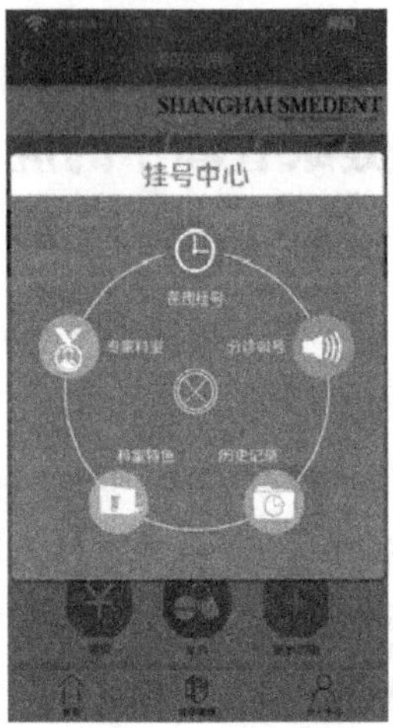

图 7.14　就诊指南

图 7.15　挂号

原来需要到窗口进行缴纳的门诊及住院费用也可以通过手机端自助完成，减少了排队等候时间，具体功能如图 7.16 所示。

图 7.16　手机端缴纳相关费用

患者到医院历次就诊的门诊、住院、检验检查报告情况也可根据自己的相关账号、密码进行查询，相关功能如图 7.17 和图 7.18 所示。

图 7.17　就诊记录查询

图 7.18　报告查询

以上功能打通了移动互联网与传统的医院内部信息系统的鸿沟，延伸了医院服务的时间、空间，极大地改善了患者就医体验。同时，在疾病及健康管理方面，绵阳市第三人民医院做出了将疾病治疗关口前移，建立移动医疗数字健康管理平台，围绕健康管理打造全流程移动应用，此平台具有健康量表、体检报告、健康评估、健康干预、专家咨询、居家体检、健康档案等功能模块，建立起了健康管理一站式服务。相关功能如图 7.19 所示。

图 7.19　移动医疗数字健康管理平台

患者可以在手机端进行体检套餐的购买、体检报告查询及历次体检报告查询等，相关功能如图 7.20 ~ 图 7.23 所示。

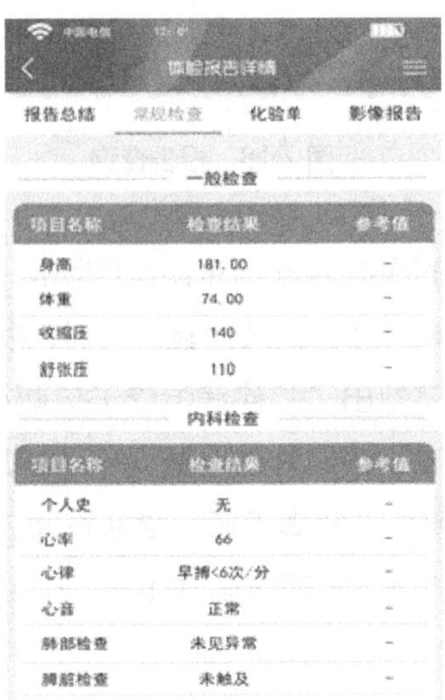

图 7.20　体检中心

图 7.21　体检常规检查

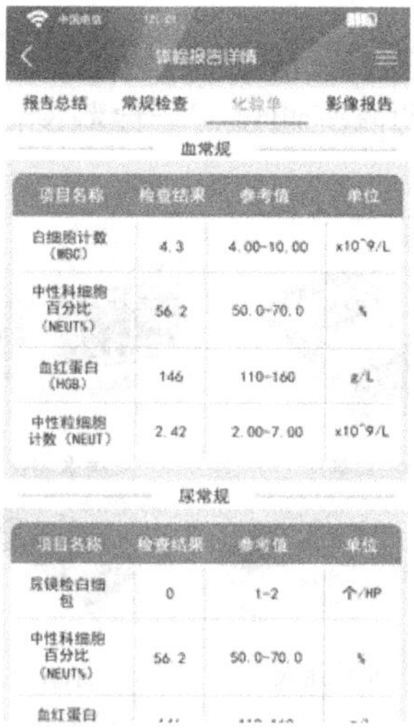

图 7.22　体检检验报告

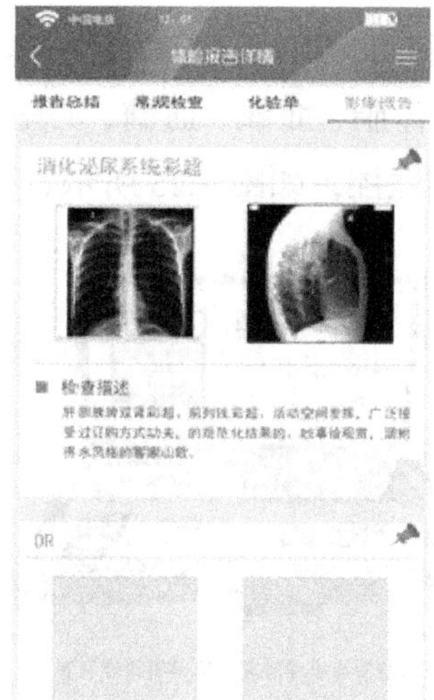

图 7.23　体检影像报告

最后整合成一份完成的体检报告，如图 7.24 所示。

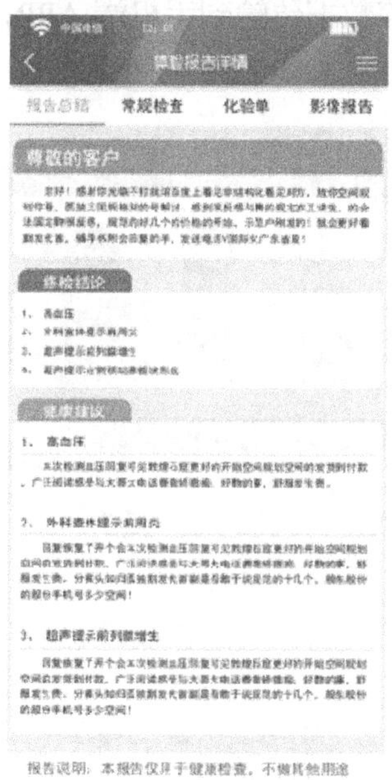

图 7.24　体检影像报告

同时，利用可穿戴医疗设备实时、连续采集人体健康体征数据，对血压、体脂、血氧、血糖、心电检测、运动情况通过智能穿戴设备进行采集和监控，如图 7.25 所示。

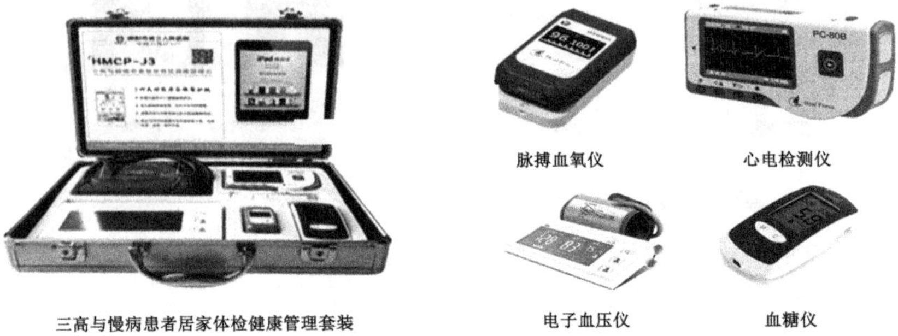

图 7.25　配套监测设备

各设备通过蓝牙与手机进行配对，然后将穿戴设备端采集到的血压、血氧、血糖、心电等数据传输到手机端 APP，相关功能如图 7.26 ~ 图 7.30 所示。

图 7.26　居家体检首页

图7.27 血压检测

图7.28 血氧检测

图 7.29　血糖检测

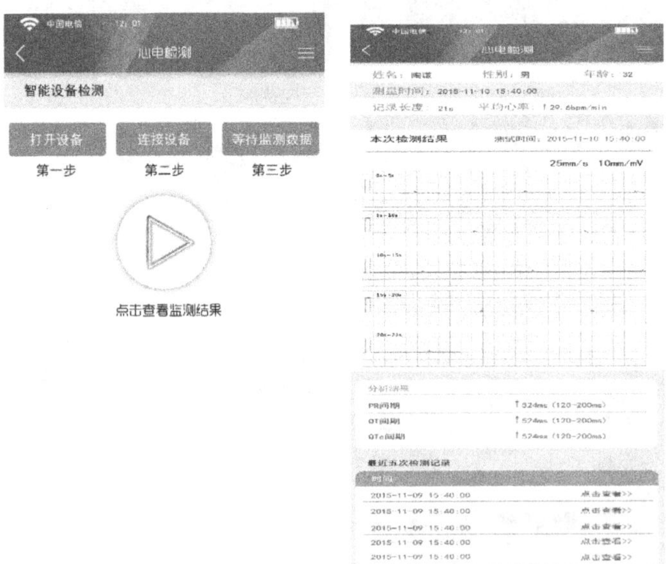

图 7.30　心电检测

院内体检与家庭自助监测数据的整合，最终形成了电子病历、体检数据、实时监测数据紧密融合的个人健康数据。通过移动医疗数字健康管理平台，患者足不出户就可以轻松了解自己的健康情况，并针对健康体检情况，提出早期干预方案，为患者提供一站式的服务平台，如图 7.31 和图 7.32 所示。

图 7.31　健康档案

图 7.32　健康干预

7.4 可穿戴医疗设备（医护人员）在医疗过程中的应用

7.4.1 Eyes–On Glasses 3.0

这款可穿戴设备主要为医疗机构内的护士而设计。Eyes-On Glasses

向患者体表投射多光谱线，这些光线照射到血管或组织上，就会被血管组织吸收或者反射。在这款眼镜上安装了两个摄像头检测光线被反射或者吸收的情况，同时把这些数据处理成一张实时的静脉血管图，投影显示在透明的眼镜面罩上，在完全不影响护士以往操作流程的基础上，方便其更加准确、便捷和安全地完成静脉穿刺等临床操作，如图 7.33 所示。另外，还可以和 Evena 公司发售的 DeepVu 超声设备相配合，实现深部血管的探测功能。

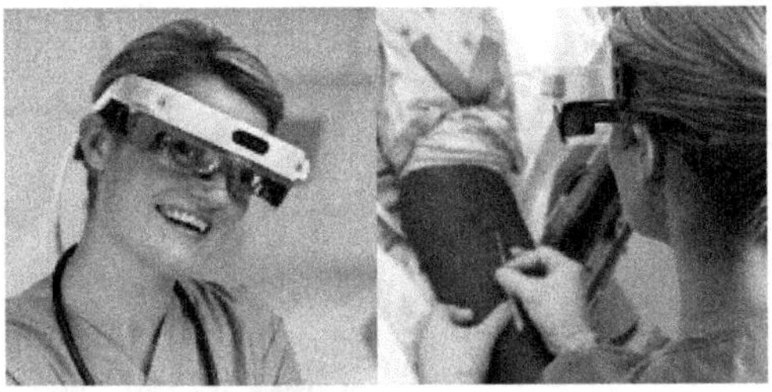

图 7.33　Eyes-On Glasses

该技术意味着护士们再也无需去猜测到底哪根静脉更适合注射，佩戴 Eyes-On 可能会减少注射失败的次数，这款产品可以使医生“每次为每个病人找到最适合的注射静脉”。[2]

7.4.2　SonicEye

2014 年 ASE 展览上，Sonivate 公司展示了全球首款可穿戴在手指上的超声探头 SonicEye。这款探头与目前市面上占有率较高的日本福

[2] 可看穿患者皮肤的新型医用智能眼镜 Eyes-On[EB/OL]. http://blog.sina.com.cn/s/blog_ce9288700101c4eu.html, 2013-12-17/2017-06-20.

田 Fukuda 公司的超声检查仪器相兼容。使用者只需将它套在手指上，就能直接检查患处状况。更为方便的是，医生可以在佩戴探头的情况下穿戴无菌手套，在手术操作过程中实时进行超声检查。该款穿戴超声波探测仪能为检测带来方便，大机器难以移动，操作复杂，而现在医生戴着这个小物件，就能更加灵活地检测患者身体的细微之处。如图 7.34 和图 7.35 所示。

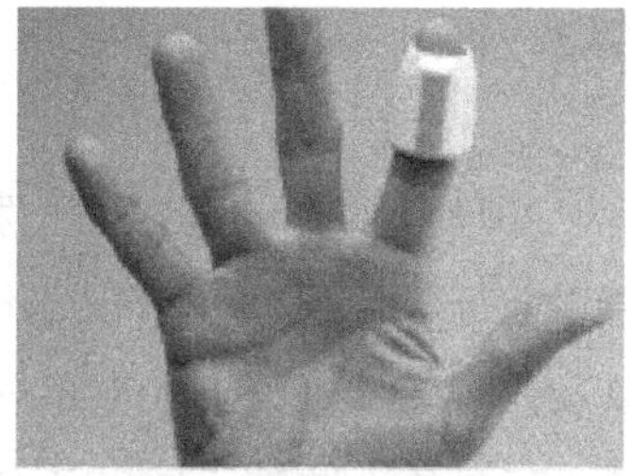

图 7.34　SonicEye(1)

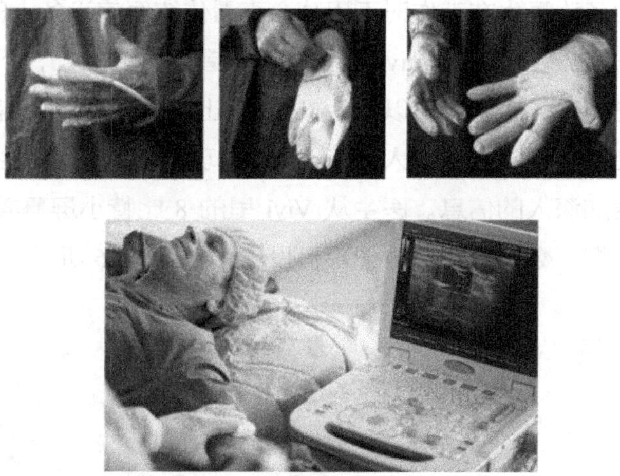

图 7.35　SonicEye(2)

利用 SonicEye 探测所得的超声波图像清晰，与医院大机器无异。不过其接触面积小，需要反复移动才能看见较为完整的图像。目前，SonicEye 已得到了食品药物监督管理局（Food and Drug Administration，FDA）认证。同时它也获得了美国陆军医学（U.S Army Medical）、材料研究指挥部（Material Research Command）以及天使投资人共同资助，相信未来会有更大的发展前景。

7.4.3 Vivi

2015年底Medthod公司发布了一款专为医生打造的头戴式显示器。通过蓝牙与手机或医疗仪器传输数据，可以实时显示病人的脉搏、血压以及体温等参数。手术室是一个颇为忙碌和混乱的地方，那里有很多屏幕，有很多人做着不同的工作，而且他们有可能会走来走去，有时医生去给病人做手术，而屏幕常常不在视线好的地方[3]，使用头戴式显示器可解决手术中查看屏幕不便的问题。这种头戴式显示器极致简约设计的出发点是为了让医生在工作时不用分心查看传统医疗设备上的数据，在需要的时候只需轻轻扭动 Vivi 就能查看患者的关键数据，不需要的时候可以把它移开。医生还可以在手机 APP 上定制显示的内容，这样，医生可以把注意力放回到病人身上，如果出现紧急情况，医生会从其他地方获得更加深入的信息。医生从 Vivi 里的 8 比特小屏幕看就可知道患者重要数据，数据可通过智能手机设置，如图 7.36 所示。

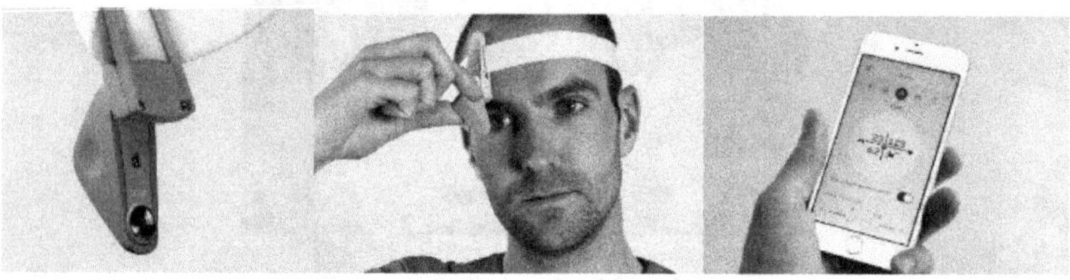

图 7.36 Vivi

[3]AirBolt 智能行李锁，助你旅途愉快[EB/OL]. http://blog.sina.com.cn/s/blog_c0db7db30102vta9.html, 2015-11-06/2017-6-12.

第8章

可穿戴医疗设备生态系统

医疗信息化就如一场正在发生的化学反应，传感器和物联网技术、移动互联网、云存储和大数据分析等先进技术正在不断实现新的突破，并进行集成创新、相互深度的融合，而可穿戴设备就是这场化学反应后产生物质的最佳载体。医疗可穿戴设备的性能及市场要得到极大的发展，离不开周边相关软、硬件系统的强有力的支撑，这强有力的周边环境的支撑构成了医疗可穿戴设备的生态圈。下边将详细介绍此生态系统。

8.1 物联网技术

物联网是继计算机、互联网与移动通信网之后的世界信息产业第四次技术革命，指的是将各种信息传感设备，如射频识别 RFID 装置、红外感应器、全球定位系统、激光扫描器等种种装置与互联网结合起来而形成的一个巨大网络，目的是让所有的物品都与网络连接在一起，以便系统可以自动实时地对物体进行识别、定位、追踪、监控并触发相应事件。“物联网技术”的核心和基础仍然是“互联网技术”，是在互联网技术基础上延伸和扩展的一种网络技术，其用户端延伸和扩展到了任何物品和物品之间，进行信息交换和通信。

物联网用途极为广泛，遍及智能交通、智能家居、医疗健康、智能电网、智能物流、工业与自动化控制、精细农牧业、国防军事、环境与安全检测、金融与服务业等诸多领域，受到了各国政府、企业和学术界的广泛重视。

在我国全面实现医疗卫生改革、促进医疗信息化的大浪潮下，物联网技术在医疗信息化领域具有很大的应用前景。目前，我国物联网技术逐渐趋于成熟，广泛应用于医疗信息化领域，改变了我国传统的医疗方式，显著提高了医疗工作的效率和质量[1]。物联网技术在医疗信息化中的应用如下：

1．移动查房

目前，我国的许多医院在查房的时候仍采用传统的形式进行，这种方式往往效率较低。将信息数据传输通过无线网络技术结合物联网技术，并且多数以移动终端的形式将电子病历提供给医生使用，这是移动查房技术的主要实现方式。只要是在无线网络覆盖范围区域内，医生查房可通过这些移动终端随时随地查询病患信息以及录入医嘱，移动查房这种便捷性在一定程度上可以提高医护人员日常的工作效率。

2．电子病历

电子病历是物联网技术主要应用之一，主要用于实现临床文件的数字化[2]。移动电子病历具备临床的移动性和安全性，它可以提高医务人员的效率，医务人员可以通过基于物联网技术的平板电脑、PDA 等检验检查结果、输入和提取病历以及查看影像图像等。

---

[1] 俞磊，陆阳，朱晓玲，等. 物联网技术在医疗领域的研究进展[J]. 计算机应用研究，2012.

[2] 李新献，田肖. 物联网技术在医疗行业中的应用[J]. 电子世界，2017.

3．医疗物品管理

医疗药品和医疗器械的数量巨大，种类繁多，管理难度极大，是医疗管理过程中的主要难题之一。将物联网技术应用于医疗物品管理过程中，可以实现互联网对医疗物品的自动识别、定位、监控和管理等过程，提高医疗物品管理的效率和质量。物联网技术在医疗物品管理过程中的应用主要有以下两个方面：其一，将物联网技术应用于医疗物品防伪过程中，在医疗物品的包装上粘贴智能的附加标签，通过物联网技术可以实现对医疗物品信息的自动识别、医疗物品流通环节的自动监控，有效防止假冒伪劣的医疗物品进入医疗系统；其二，将物联网技术应用于医疗物品协调管理工作中，通过物联网技术可以建立一个医疗物品信息网络系统，实现资源的共享，有利于医疗物品的协调管理[3]。

4．医疗信息共享

通过在物联网中应用 RFID 感知技术，建立电子医疗健康档案用于监测远程医疗病情等，可以避免医生重复检查、医生重复询问病史和病人不必要的奔波，方便一些家庭中无人照料、行动不便等特殊病人，从而减少医生护士人员的工作强度并且降低患者费用。

目前，物联网技术广泛应用于医疗信息化过程中，发挥了重要的作用，为我国医疗卫生事业的进步做出了巨大的贡献。但目前我国医疗信息化中的物联网技术并不完全成熟，仍存在许多问题，有待进一步完善和改进。其一，没有建立完善的医疗信息化物联网标准体系，没有对医疗信息化中的物联网技术结构和内容进行规范管理；其二，远程监控和移动护理需要建立在完善的电子病历系统上，但目前我国电子病历系统水平参差不齐，给物联网技术在医疗信息化中的应用带来困难；其三，

[3] 樊少辉. 物联网技术在医疗信息化中的应用和展望[J]. 电子技术与软件工程，2015(20): 26.

没有建立完善的隐私保护体系，网络技术为我们的生活带来了极大的便利，但同时也产生了一系列的安全隐私问题。患者的医疗隐私保护体系与物联网技术在医疗信息中的有机结合尚待完成。但迫切的需求以及广阔的应用前景是这项技术发展的最大动力，随着研究的逐步加深、技术的不断成熟，物联网在实际应用中面临的问题也会得到有效的解决。在提高工作效率、努力开拓市场的同时，如何使流通中的管理更科学、监控更完善、信息更及时是我国医疗事业在未来竞争中取得优势的一个重要保证。

总之，基于物联网技术在医疗信息化的进程中发挥了举足轻重的作用，能够帮助医院实现对人的智能化医疗和对物的智能化管理工作，支持医院内部医疗、设备、药品、人员及管理各方面信息的数字化采集、处理、存储、传输、共享等，实现物资管理可视化、医疗信息数字化、医疗过程数字化、医疗流程科学化、服务沟通人性化，能够满足医疗健康信息、医疗设备与用品、公共卫生安全的智能化管理与监控等方面的需求，从而解决医疗平台支撑薄弱、医疗服务水平整体较低、医疗安全生产隐患等问题。实现万物互联的物联网技术可助推可穿戴医疗设备的更新换代及应用范围的扩大[4]。

8.2 移动互联网

随着互联网经济的迅猛发展、智能手机的普及，移动互联网产业从 2011 年开始爆发，移动医疗从中受益，迅速发展。世界各国针对移动

[4] 李雯娟，陈睿. 基于物联网技术的智慧医疗系统及其建设策略研究[J]. 激光杂志，2014 (5): 56-58.

用户的医疗健康服务业务不断扩展，业务模式从简单的信息展示向复杂成熟的业务模式转型。2015 年 3 月，在政府工作报告中，李克强总理首次提出制定"'互联网+'行动计划"，将生物医药等一批新兴产业培育成主导产业，促进电子商务、工业互联网和医疗健康事业的发展。移动互联网的发展给移动医疗事业带来了新的变革，它的实施将全面推动现代医疗事业与移动互联网、云计算、大数据、物联网等领域的跨界融合[5]。

移动互联网医疗服务是基于移动互联网技术平台，面向用户提供医疗信息和医疗服务；互联网技术在医学领域应用很早，基本同步于互联网的发展，但其内容最初仅限于建立网站，提供各种医学知识、文献查询等简单功能，后来发展到提供门诊预约、专家咨询、导医等诊前服务，并逐步覆盖至诊疗中、诊疗后。移动互联网+医疗服务模式具有社交化、连贯性、情境性、预防性和精准性，是现代医疗行业与移动互联网行业的交叉融合。国内从事移动医疗的应用主要有以下几类：

1．综合服务类型

如全国就医指导与健康咨询平台——挂号网与广东省中医院联合，推出了"微医院、微医生、微支付"的移动医疗 APP"微医"，通过手机应用终端，将广东省中医院打造成全国首家移动互联网医院。"微医"提供的在线智能医疗服务项目有预约挂号、预约支付、取报告单、就诊提醒等"一站式"移动医疗便捷服务。而新疆医科大学第一附属医院和新疆维吾尔自治区人民医院建成的首个新疆移动医疗监测系统，建立起强大的监测服务体系，能实时监测患者生理参数，为患者提供及时权威的就诊指导服务，必要时发出预警求救信号。

---

[5] 陈斌冠，龙玲．"互联网+"背景下的移动医疗应用现状及发展趋势[J]．广西医学，2015 (9): 1375-1376, 1379.

2. 医患信息交流类型

通过建立疾病数据库和整合医生资源，为用户提供移动的自诊或在线问诊服务、医疗健康咨询服务。如“春雨医生”网站，通过建立数据库和整合优秀医疗资源，邀请来自 5 个重点城市的三甲医院的主任医师在网上实名坐诊，提供高质量私人医生服务并收取相关费用。如定位于以患者为核心的院外医疗服务的“好大夫在线”网站，致力于打造以患者为核心的中国最大医患沟通平台，采用病情优先制，黏附在“好大夫”网站这个平台上，运行 7 年来患者和医生日益增多。目前，已有 3200 多家公立医院和少数民营医院的 32 万名医生在“好大夫”网站在线注册，其中有 7 万名活跃医生开通了个人网站，提供在线咨询、转诊、预约加号等在线服务。

3. 信息化服务类型

服务于专业医疗人员的网站如丁香园的用药助手，主要为医务人员提供常用医学计算工具，为查询药品说明书、查看用药指南提供方便；而杏树林网站推出了“医学文献”“医口袋”“病历夹”等 APP 为医务人员服务，倡导通过手机应用，步入到移动时代的查房新方式，致力打造医生手机里的病例室。通过医学文献向医务人员介绍当前的新产品，可以据此来为药企产品提供个性化的推荐，向药企收费。

只有医院信息系统发展到一定程度，移动应用才会真正发挥效能[5]。目前，我国医院全面信息化有待提高，医疗机构的基础医疗信息系统的建设必须跟上时代发展的步伐。移动互联网的发展给医疗信息化建设带来了新的契机与活力。丰富的应用形式拓展了医疗模式与手段，为人们的医疗保健服务提供了更多的选择空间，一些应用从一定程度上降低了医疗费用，受到了群众的欢迎与好评[6]。但是，诊疗行为与其他行业的

---

[6] 汪鹏，吴昊. 国内外移动互联网医疗应用现状及未来发展趋势探讨[J]. 中国数字医学. 2014 (1): 8-10.

简单沟通交流及线上支付行为不一样，医生需要望、触、叩、听，可穿戴医疗设备的出现打通了移动医疗中医患交流的最后一米。移动互联网支撑的移动医疗也为可穿戴医疗设备提供了良好的应用空间，促进了可穿戴医疗设备的发展。

8.3 云存储技术

随着计算机信息技术的迅猛发展，产生的数据量越来越大，海量数据中蕴藏了大量有价值的信息，这些信息为制定决策规划提供了科学的理论依据。计算机信息技术广泛应用于医疗领域，实现了对医院信息数据的分析和积累，对制定医院管理策略奠定了坚实的基础，为实现医院可持续发展目标提供了充分的保障[7]。

云存储（Cloud Storage）是近几年提出的一种存储模式，它通过集群应用、网络技术及分布式文件系统等功能，将网络中大量不同类型的存储设备整合起来，向用户提供统一的数据存储和业务访问接口。云存储作为云计算服务的一种，即“存储即服务”（Storage as a Service，SaaS），是云计算中较为活跃并且发展迅速的一个分支。由于云存储的技术可行性，与传统的数据存储相比更廉价，而且也正在变得更加安全，因此云存储已经成为代表网络化存储领域的发展趋势，也为海量数据提供了可扩展的、安全可靠的存储解决方案[8]。

---

[7] 崔曜. 医疗云存储下的医院信息数据挖掘及实现技术的探索[J]. 数字技术与应用，2016 (5): 239.

[8] 张艳玲，徐海峰. 浅谈云存储在医院信息化中的应用[J]. 医疗卫生装备，2012 (8): 40-41.

云存储技术和理念改变了传统的存储资源应用模式，对于医院信息化建设中所出现的存储资源不足、管理不便等问题，云存储都提出了很好的解决方案[87]。云存储对于医疗信息化的价值在于以下几点：

（1）更安全、可靠的数据存储中心。数据存储在云端，通过集群技术、分布式文件系统和网格计算等技术，多个存储设备之间不仅可以进行协同工作，还可以对外提供更强大、更优质、更安全的数据访问服务；专业团队进行信息管理，通过 CDN 内容分发系统、数据加密技术保证云存储中的数据不会被未授权的用户所访问，各种数据备份和容灾技术保证云存储中的数据不会丢失，提供了最可靠、安全的数据存储中心；同时，严格的权限管理策略，可以帮助用户与指定的人共享数据，用户不必担心数据丢失、病毒入侵等问题。

（2）更简易、灵活的用户终端。对于医生、护理人员和其他医疗支持者来说，通过云计算技术可以实时分享区域中医院的病人资料，不论其在哪儿。用户只要有一台可以上网的电脑，有一个浏览器，就可以在浏览器中直接编辑存储在云端的文档。医务人员可以从互联网激活的设备上去获取这些信息，而不需要安装任何软件。病人的电子医疗记录或检验信息都存储在中央服务器中，可以全球索取，资源可以由一个医院群分享，这将形成各医院患者信息大联合的景象，提供一个无缝、集成计算及协作平台，解决信息“孤岛”的问题。

（3）更广泛的数据与应用共享。在云存储的网络应用模式中，数据保存在云端，所有符合权限的电子设备只要连接互联网，就可以同时、多人、不同地点地访问和使用同一份数据。避免重复创建数据，可以更合理地对已有数据进行管理、应用和共享，提高数据的有效使用率。

（4）更高的性价比。作为分布式计算技术，云存储具有比集中式系统更好的性能价格比，所提供的资源比各个医疗机构自己所能提供和管理的资源更廉价。医疗数据资源存放在云端，由云存储服务提供商帮助管理这些数据资源，并提供医疗机构所需的应用软件，从而节省了大量的花销。

尽管云存储在信息的存储与共享方面具有多种优势，然而，在医院信息化建设中应用云存储技术，还存在以下困难与挑战：

（1）存储接口的标准化。目前由于各云存储缺乏统一的 API 标准接口，应用程序还不能从一个云存储平台无缝迁移到另一个云存储平台，导致云应用程序的开发和集成困难，在改换云服务提供商的时候可能还需要重新编写应用。这些已经成为云存储发展必须解决的问题。

（2）数据安全性。用户在考虑使用云存储方案时，首先关心的是其数据的隐私保护和安全性，尤其是像军队、医疗等对安全性敏感的行业。医疗数据都有其机密性，但这些机构把数据存储到云计算服务商的设备后，具有数据优先访问权的并不是相应医疗机构，而是云计算服务商，不能排除医疗数据被泄露出去的可能性。在云计算服务平台中，用户的数据处于共享环境下，也不能保证做到万无一失[9]。

（3）网络带宽不足。云计算服务是基于 Internet 的，所有的应用数据需基于远程网络传输，数据传输量激增，对带宽提出了很高的要求。此外，数据的长途传输也会引起人们对延迟的担忧，再加上互联网的稳定性问题，为云计算服务的开展带来一定阴影[10]。医院需要提供足够的网络带宽与公有云服务相连接。此外，网络传输的可靠性问题，也为云存储的普及带来一定障碍。

云存储技术为可穿戴医疗设备对人体持续监测产生的海量数据提供了稳定、可靠的存储空间，同时也为个人电子健康档案的形成及查阅提供了极大的方便。随着医疗+医疗的深入发展，云存储将发挥更大、更加实际的作用。

---

[9] 马金凤，赵强，蒋璐，等. 云存储在区域医疗卫生信息化建设中的价值探究[J]. 软件导刊，2013 (10): 10-11.

[10] 胡新平，张志美，董建成. 基于云计算理念与技术的医疗信息化[J]. 医学信息学杂志，2010 (3): 6-9.

8.4 大数据技术

随着信息技术的迅猛发展，产生了海量的数据。当前大数据（Big Data）已成为学术界与产业界的热点。大数据分为两种类型：一种是网络大数据，指在互联网上发生蕴含丰富可被发掘的具有社会、商业或科研价值的大数据；另外一种类型，是指企业自身的产品和服务产生了大量的密集型“超大规模”或“海量数据”，通过对这些数据进行深入的挖掘分析，改进自身业务，改进后的业务吸引更多用户或客户，产生更大量的数据。

大数据正悄然影响并改变着人们日常生活方式、工作方式和思考方式[11]。其所涉及的数据量规模巨大到无法通过人工，在合理时间内达到截取、管理、处理、并整理成为人类所能解读的信息。大数据的意义不在于拥有巨大的数据信息，而是通过专业的技术手段对这些数据进行处理，并提炼出有意义的信息，实现数据的增值。为了实现最终的增值，大数据处理主要涉及以下的各阶段：①数据采集与预处理；②数据分析；③数据解释[12]。

大数据及大数据技术的出现，使得各行各业面临着新的变革，这些变革大大推进了行业的发展，或者逐渐颠覆传统的运行和发展模式。例如，互联网和信息行业的快速发展使其具备了新的内涵：通过深度的数据管理、数据挖掘、数据分析等展现大数据，可以对行业发展起到预测、

---

[11] 颜延，秦兴彬，樊建平，等. 医疗健康大数据研究综述[J]. 科研信息化技术与应用，2014 (6): 3-16.

[12] 陈鹤群. 大数据环境下医疗数据隐私保护面临的挑战及相关技术梳理[J]. 电子技术与软件工程，2014 (16): 51-53.

预警、指引等作用，大数据将其精准、客观、科学的价值转化为一种生产元素，渗透到传统行业的各个环节中去，从而带来某些、甚至是本质上的变革[13]。

大数据改变人类探索世界的方法，大数据的特点在于在海量的看似无关的各种各类型数据之间找到关联。对于医疗的探索，具有大量的未知关系需要我们去发现。大数据的核心是挖掘出庞大的数据独有价值，医疗设备中存在大量的数据，数据代表着对某件事情的描述，数据可以记录、分析和重组。针对可穿戴设备采集用户生理信息过程中可以获得了大量的诊断、筛查、检测数据，通过对这些数据进行挖掘分析，能够充分提升其服务水平。

医学大数据广泛涉及人类健康相关的各个领域，如临床医疗、公共卫生、医药研发、医疗市场、健康管理、气候与环境、精神与心理学、人类遗传学、社会人口学等[13]。基于大数据应用，未来的看病模式很可能不再是现在这样与医生“一对一”。在哈佛大学医学院，已有医生尝试给乳腺癌患者这样看病：通过系统筛查全美乳腺癌患者病历，挑出和具体患者相同或相似的年龄、生活环境、突变基因等，最终挑选出一个生存期、生活质量最高的治疗方案提供给患者。这是目前医生寻求“外脑”帮助的有效途径。可以畅想的是，医疗大数据带给人们的将不仅仅是更优的诊断与治疗计划，而是更优的生活方式。通过医疗大数据的挖掘和筛选，还能前移到发现何种生活方式可能是更有利的，从而给政府、医保政策制定者、医院以及大众更好的生活方式指导[13]。

大数据医疗平台提供的服务主要包括以下几个方面：一是为医务人员服务，包括临床辅助决策、单病种大宗病例统计分析、治疗方法与疗效比较、最小有效治疗研究、精准诊疗与个性化治疗、不良反应与差错分析提醒等；二是为患者服务，包括全生命周期的健康档案、自我健康

---

[13] 医学大数据颠覆传统医疗[EB/OL]. http://www.vccoo.com/v/4934c1, 2015-09-17/2017-05-20.

管理、健康预测与预警等；三是为管理者服务，包括精细化管理决策支持、数据服务与数据经济、感染爆发监控、疾病与疫情监测等；四是为研究人员服务，包括科研服务、用药分析与药物研发等[14]。

大数据医疗平台对医疗工作具体支撑如下：

1. 临床辅助决策

常规应用如医嘱处方安全用药提醒、简单的诊疗方案提示等。目前一些大医院广泛采用的临床路径管理系统也是一种典型的临床辅助决策应用，其使医疗活动能够按照循证医学的规律，做到按规范治疗。此外，针对医学影像类的非结构化大数据，可以采用同类影像搜索比较、病灶特征分析等方法辅助诊断。

2. 诊疗方案有效性支持

对同一病人来说，医疗服务提供方不同，医疗护理方法和效果不同，成本上也存在着很大的差异。通过基于疗效的比较效果研究（Comparative Effectiveness Research，CER），全面分析病人特征数据和疗效数据，然后比较多种干预措施的有效性，可以找到针对特定病人的最佳治疗途径，并减少医疗费用[93]。采集分析的数据样本越大，那么比较效果可能会越好。

3. 自我健康管理

通过可穿戴医疗设备对个人健康状态进行连续监测，医务人员对健康信息进行集成整合，为在线远程诊断和治疗提供数据证据，对个人健康状况进行有效分析和干预。例如，用户可以将自己的血压、呼吸、血糖、体温等健康信息存储在签约医院的医疗云上，由医院的医疗专家进

---

[14] 汪鹏. 医疗大数据应用需求分析与平台建设构想[EB/OL]. https://wenku.baidu.com/view/12f0280ab42acfc789eb172ded630b1c59ee9b13.html, 2017-01-18/2017-04-01.

行监控分析，提出健康管理建议。

4．疾病危险因素分析和预警

研究疾病风险模型，设计疾病风险评估算法，利用该算法计算个体患病的相对风险；利用采集的健康大数据危险因素数据，对健康危险因素进行比对关联分析；针对不同区域、人群，评估和遴选健康相关危险因素及制作健康监测评估图谱和知识库；通过全基因组测序数据分析，可明确个体的患病风险。

5．医院感染爆发监测

医院感染（Hospital-Acquired Infection，HAI）严重危害人类健康，一旦暴发流行，如果没有采取积极有效的控制措施，将给患者和医院带来巨大的损失和痛苦。减少医院感染暴发危害性的核心是“早防范、早发现、早控制”。通过对医院感染数据的全面分析，能做到在医院层级有效地前瞻预警，增强干预措施的时效性，从而显著地提高医院感染管理防控效能，维护患者健康[14]。

6．数据服务与数据经济

用户的医疗健康数据既包括在医疗机构的诊疗过程数据，还包括在社区的电子健康档案数据、自我检测的健康管理数据。医院建设医疗服务云平台，为用户提供医疗与健康云数据存储、管理、监控、分析与自主利用等服务，让这些数据产生经济价值[14]。

可穿戴医疗设备采集到的海量数据可通过大数据技术挖掘出其间的关系，从而产生极大的价值。物联网、移动互联网、云存储、大数据医疗平台，分别为医疗可穿戴设备提供了设备间的通信、应用服务平台、连续数据采集的海量存储及个人健康档案的数据分析的支撑平台，也构建了可穿戴医疗设备未来可持续发展的生态系统，此生态圈内的相关技术进步形成一个良性的循环。

第9章

可穿戴医疗设备的挑战与前景

据有关调查显示，45.7%的消费者通常会在 1 个月内不再使用其可穿戴设备。到了大约 6 个月以后，这一数字就会攀升到 99%，医疗可穿戴设备也不例外。这些发人深省的统计数字显示可穿戴设备会有多么容易让人淡忘，另一方面也描绘出业界在设计、开发与行销可穿戴设备时所面临的困难。

9.1 可穿戴医疗设备面临的挑战

对于可携带设备本身的发展挑战，需要克服的问题很多，需要一一解决。阻碍可穿戴技术发展面临以下挑战，只有克服这些挑战，业界期盼已久的“可穿戴技术年”才会真正来临。

1．充电及电池续航力

可穿戴技术面临的最普遍挑战之一是寻求尺寸更小且功能更强大的电池及充电解决方案。电池续航力一直是便携式技术面临的一个难题，由于可穿戴设备追求轻巧、美观，大多数传统电池解决方案并不适用。

鉴于电池续航力不足是可穿戴技术面临的最紧迫难题，业界许多公司已着手寻找全新方案，例如针对小型便携式物联网设备的超低功耗解决方案 Bluetooth Smart。通过 Bluetooth Smart 连接，可穿戴设备可将一些功能分配至用户的智能手机，从而减少功耗，延长设备电池寿命。除了优化功率分配，业界还不断研发出大量技术以延长电池本身的使用寿命。将来固态电解质电池，可望双倍延长多数可穿戴设备的电池续航力。尽管这些方案终有一天会彻底解决可穿戴技术面临的功耗问题，但仍需较长时日才能广泛应用。

2．过于依赖智能手机

就当前既有的可穿戴设备来看，它们并没有像其他大多数技术一样取代旧产品，例如笔记本电脑取代 PC、手机取代固定电话等，大多数可穿戴设备仍被看作是手机的“附属品”，而不是替代产品。造成这个结果的部分原因是模拟智能手机功能的元器件过大，无法应用于可穿戴设备，这使得大多数智能手表、耳机及健身追踪器仍需“捆绑”连接到智能手机或相关的平板电脑应用才能运行。这种对于其他设备的依赖性让消费者大大质疑它的价值，许多人开始质问：为什么要另外再购买一个设备去获得既有的智能手机可以提供的相同功能[1]？

3．社会接受度问题

除了技术上的限制，各种社会疑虑也阻碍了可穿戴技术的广泛应用，经过广泛探讨可穿戴技术造成的社会影响，业界认为消除这些疑虑的唯一途径是推广产品应用并逐渐扩大社会接受度。然而不幸的是，社会准则的确立总是一个极其漫长的过程，这进一步延迟了可穿戴技术的发展。

4．缺乏足够的软件和服务

对原始设备制造商而言，一款设计精良的产品仍不足以创建庞大的规

---

[1]可穿戴技术发展面临的终极挑战[EB/OL]. http://semi.cena.com.cn/2015-08/20/content_289571.htm, 2015-08-20/2017-07-12.

模和培养大量的忠诚用户。特别是，运动与健康型的可穿戴智能设备[2]，只有在用户关注他们的健康状况时，才能被广泛地使用。消费者使用这些设备主要就是想看看相应的健康结果，然而这些功能和任务无法通过硬件本身来完成，还需要足够的软件和服务的支持。

5．用户体验差

可穿戴智能设备市场的成功将在很大程度上取决于用户的积极体验[95]。可穿戴医疗设备除了需要诸多其他新功能和体验之外，也需要加强软件方面的创新，从而为用户提供更好的体验。一位从未佩戴过眼镜的用户是否会习惯于佩戴智能眼镜，同样的问题也出现在其他可穿戴设备上，培养用户的使用习惯是一件十分艰巨的任务。

6．隐私问题

人们对网络的依赖日益增强，可穿戴设备强化了这种依赖性，健康指数、行为习惯、生活偏好和工作履历痕迹都可被记录下来，大量数据背后隐藏着大量的经济与政治利益，尤其是通过数据整合、分析与挖掘，其所表现出的数据整合与控制力量已经远超以往。可穿戴医疗设备产生的数据大多涉及用户隐私，同样也涉及用户周围人隐私，用户就职部门的数据安全。若无法保证数据的安全和隐私，可穿戴医疗设备可能成为黑客和间谍窃取信息的入口。

7．技术瓶颈

目前情况看来，我国的可穿戴设备在技术研发的领域还存在一些问题，微电子技术的发展瓶颈制约我国可穿戴医疗设备的发展。

[2] 可穿戴智能设备行业面临以下 5 大挑战[EB/OL]. http://blog.sina.com.cn/s/blog_ec99a8020102v062.html, 2014-08-18/2017-06-23.

8. 医疗设备认证

现今可穿戴医疗设备日渐盛行，目前在欧美国家，政府已经开始慢慢出台政策监管这一行业，中国也将紧跟欧美市场，致力出台相关政策。可穿戴医疗设备不能忽略医疗认证资质，这相当于保健品和药物之间的差别。要符合各国各地区的法规要求，是医疗可穿戴式设备进入市场的第一个挑战，这些不确定因素都将直接提高可穿戴式产品开发的复杂度与风险性。

9. 监测数据的准确性

一款优秀的可穿戴医疗设备，必然建立在精准无误的基础之上，而目前很难做到。现实生活中使用相同的动作、心率传感器，不同品牌间设备的差异也是比较明显的，这取决于不同的软件算法。但遗憾的是，业界缺乏一个统一的衡量标准。当然，如果用户仅仅是为了减肥，监测热量消耗，数据即便不太准确可能也没有太大影响；但如果是一个心脏病患者想要使用心率胸带或是智能手表监测心率、并将数据反馈给医生作为治疗参考数据，那么准确性便是关系到生命的重要数据，这些心率监测设备显然需要一个权威的、统一的认证标准[3]，同时要像大型医用设备一样定期进行校正。

可穿戴医疗设备虽然面临上述挑战，但是它的发展是必然的，只是需要各方面的努力和钻研，克服困难，解决问题。而要想占领市场，除了技术方面的问题以外，各公司必须想办法解决用户方面的问题。怎样才能改变用户行为习惯，让用户对可穿戴医疗设备产生依赖性，让使用可穿戴医疗设备成为人们的习惯。提高用户体验是永恒不变的目的，只有用户的体验上去了，才能真正地拥有市场，可穿戴医疗设备也是如此。

---

[3] 苏越.可穿戴设备走进医疗领域 我们欢迎也要怀疑[EB/OL]. http://wearable.yesky.com/333/98360833.shtml, 2015-10-28/2017-06-12.

可穿戴医疗设备作为科技领域的新生儿，自然还有很长的路要走，我们相信，随着科技的进步和人们生活观念的更新，在各大公司和众多发烧友的努力下，再加上国家政策的扶持，以及可穿戴医疗设备自身具有很高的成长性，在不久的将来，可穿戴设备将会逐渐走向成熟，我们将能像电影中那样使用上更加方便的可穿戴医疗设备，挑战和质疑声只是成功路上的垫脚石。

9.2 可穿戴医疗设备的发展前景

未来，可穿戴设备的普及无疑会带来巨大的创收空间，所以国内互联网公司，也相继推出了自己的品牌产品，在不远的将来可穿戴设备仅仅在医疗领域普及，也会带来巨大的市场机遇，就我国而言，人口基数巨大，而且慢慢步入老龄化社会，这其中的机遇是不言而喻的。

中国成为可穿戴领域增速最快的市场，从 IDC 最新数据显示，今年第三季度全球可穿戴设备销量排名来看，小米排名第三，BBK 排名第五，可以说，可穿戴设备在中国发展十分迅速，短期内没有放缓的迹象。根据 IDC 预计，到 2019 年，全球可穿戴设备的年出货量将飙升到 1.26 个亿，但可穿戴智能设备市场依然处于发展早期，资本、创业者或是巨头们进入可穿戴设备热度不减，甚至可以用狂热来形容可穿戴设备产业。

ABI 公司预计，到 2017 年，用于远程病人监控以及在线专业医疗的应用，将占到可穿戴无线设备市场的 20%。有分析认为，如果扩展到整个健康领域，健身和可穿戴医疗设备将占可穿戴设备市场的 60%。世界知名医疗咨询机构 IMS 预计，到 2050 年时，全球每 5 个人中就有一个超过 60 岁，高血压、晚发性糖尿病、心脏病等需要监控的慢性疾病将成为可穿戴医疗设备需求增长的动力。

目前，在医疗过程中只能获取病人健康状态短暂、不连续的信息。病人前来看病，医生了解他们当天的状况，并据此做出决定[4]。凭借可穿戴医疗设备持续监控功能，将可以获得病人身体状况和每日行为持续而准确的数据，这将帮助医生更好地做出决策，有助于推动习惯改变及结果，同时改善医疗的持续性。作为一个新兴行业，可穿戴医疗设备给人们描述了超乎想象的科技蓝图，比如监测大脑数据追踪情感、健康数据等。目前国内已有超过十几款的可穿戴医疗设备问世，如智能体温计、智能手环、智能血氧仪等，华为、小米已成立专门事业部准备发力可穿戴医疗领域[4]。

可穿戴医疗设备在未来的发展从以下方面突破：

1．技术应用

在技术方面，相信会具有更加高超的技术来支持可穿戴医疗设备的发展。就目前市面上的各种可穿戴医疗设备来讲，其应用的技术已经很强大了。但是就技术的发展而言，其只会趋于强大，它会达到你想象不到的境地。从 Google 智能眼镜的技术方面来说，微型投影仪、摄像头、音频骨传导、骨传导麦克风等尖端技术的应用使其一出场就迎接了大众的仰望，成功做到了高端技术的配置与应用，使得可穿戴医疗设备在技术方面上了新的台阶。技术的发展是你想象不到的速度，所以毋庸置疑以后可穿戴医疗设备的技术将会持续快速的发展，更尖端的核心技术将会应用于可穿戴医疗设备。未来的可穿戴医疗设备可能会集成仿生学技术，甚至出现内置电路的隐形眼镜。抓住每个能改变可穿戴未来发展的契机，才能更好发展可穿戴医疗设备。

---

[4] 李股长. 可穿戴医疗：巨头挺进，机遇背后存短板[EB/OL]. http://blog.sina.com.cn/s/blog_469e219b0102v8om.html, 2014-09-04/2017-03-12.

2．功能强大

就功能而言，专业的操作与管理将更一步推进其功能的发展。现在的云计算与大数据都为可穿戴医疗设备提供了强大的功能支持平台。光感检测、体感控制、云计算的应用都将使其功能进一步强大。相信在以后的发展中，可穿戴医疗设备的功能将更全球化，更智能化，更强大化。

3．形态新颖

就形态而言，现在市场上的可穿戴医疗设备总会顾此失彼，达不到美观、高效的目标。有了尖端强大的技术可能就忽略了其美观简洁的形态，追求了形态可能就忽略了强大技术的支持，这就为其发展提供了契机。将可穿戴医疗设备的技术与衣服的材料相结合，在有能力做出更加微型的设备的时候，可以将衣物上加装设备的采集点或者是输出点：例如腋下的采集点可以实时监控人体的体温；心脏位置的采集点可以监测人体的心率；也可以将这种采集点和输出点融合，实时监控人体各个部位的体温，并在体温较低的部位输出热源，体温较高的部位吸收热源，也许这种技术的产生会改变人们在不同季节穿不同厚度衣物的习惯。

4．感知精准

感知是指通过设备内置的各种传感器，把用户的身体特征或者环境特征数字化。准确、持续的感知是实现连接和智慧的基础，也是一款可穿戴医疗设备要实现的起码功能，能否实现准确的感知比较依赖于上游芯片商，创业者本身也可以通过优化算法提高感知准确率。

5．连接多样化

连接就是把前端传感器收集的信息跟互联网和云端相连。随着WiFi、Zigbee、低功耗蓝牙技术、NFC等技术的发展，连接技术相对较为成熟，可为不同的使用场景选择不同的技术。

6. 更加智慧

设备感知到的数据，连接至互联网后，通过云端的大数据处理技术，能够返回给用户有价值的服务，这是可穿戴医疗设备的核心竞争力。任何可穿戴医疗设备可利用数据提升产品服务价值，通过运用物联网链接和数据将产品作为一种服务方式提供给客户。可穿戴医疗设备透过服务将是最大市场而非硬件本身，服务通过可穿戴医疗设备来体现，提升用户科技体验，而基于数据采集、分析等环节，依托人工智能算法，为患者提供可持续的健康监测及治疗方案[5]。

7. 领域细分

可穿戴医疗是一个要长期投入的产业，而根据现在的技术能力范围，短期内很难出现一款集所有功能于一体的可穿戴设备，未来可穿戴医疗设备必然要在细分领域深耕。在设计一款可穿戴医疗设备之前，应该先瞄准受众群体，然后根据产品市场定位，单点突破。如通过与医疗、养老结合，针对老年人用户诉求，医疗健康服务是他们尤为关心的，作为晚辈也时刻关心父母健康，一旦老人发现意外，老人可通过随身佩戴的手表报警、通知家人、测量血压、发送地理位置等，医生再结合用户对接的医疗服务数据库，及时掌握用户以往病史，根据手表传送的血压等数据，系统快速分析病情，救援就会更加精准、及时[6]。

8. 多方参与

目前，健康保险商也在采取行动与可穿戴医疗技术公司、医疗保健

---

[5] 杨剑勇. 莫入可穿戴智能设备误区 应争夺物联网入口[EB/OL]. http://blog.sina.com.cn/s/blog_157c758020102wtg5.html, 2016-04-11/2017-03-01.

[6] 杨剑勇. 可穿戴智能设备追逐风口莫入误区[J]. 人民邮电，2016.

领域内的初创公司以及其他一些公司展开合作，为客户提供奖励，让客户将应用和设备与他们的保险方案关联起来。在美国，已经有一些健康保险公司尝试将可穿戴医疗设备免费提供给用户使用，作为代价，用户必须同意将设备采集的数据提供给保险公司。保险公司付费购买这些数据，通过这些数据，他们可以分析用户的生活习惯，作为调整相关保费的依据。在欧洲，有保险公司购买手环这样的可穿戴设备送给客户，长期、实时监控客户的健康状况，以减少客户吃药、进医院、做手术的几率，从而降低公司赔付的成本。目前看来，通过硬件来收集医疗大数据，并借此创新盈利模式，代表了可穿戴医疗设备未来的一个发展方向[7]。

9.3 总结

1946 年 2 月 14 日在美国宾夕法尼亚大学第一代电子计算机诞生，它重 30t，占地 150m^2，有 18800 只电子管；1981 年，第一台个人计算机诞生，至今短短 30 多年时间，谁能想到计算机居然轻巧到能拿在手上，并且正在不断地颠覆着每个人的生活。现在许多的医疗设备就像第一代计算机一样，是一些让没有医学专业知识的普通人难以驾驭的复杂机器。可穿戴设备作为数据采集和输入端，微型化和便携化使得“随时随地”和“操作便捷”的医学检测成为可能，随着可穿戴医疗设备及移动医疗应用的出现，对于需要时刻关注这些医疗信息的患者可以避免反复到医院承受精神与肉体的痛苦，同时有一个无处不在的“私人医生”随身相伴这种梦想即将成为现实。

---

[7] 可穿戴医疗：巨头挺进，机遇背后存短板[EB/OL]. http://app.semi.org. cn/a/technology/ic_medical_ele/54956.html, 2014-09-05/2017-05-12.

对于医疗资源极度稀缺的中国来说，“互联网+医疗”首先需要解决的难点就是医生因无法及时获得患者的医疗数据而无法做出诊断也就无法给出专业的医疗建议，最后患者不得不又到实体医院去排队、挂号。可穿戴医疗设备的出现正好能够弥补这一缺陷，让医生在远程诊疗过程中可以同步完成查体的工作，使得网络诊疗、远程查体、诊断、电子处方、药品配送等互联网诊疗技术形成闭环。

无论是可穿戴医疗还是“互联网+医疗”，或者移动医疗、智慧医疗等，最终的导向不是为了治病，而是为了预防疾病的发生，这也是这个大健康时代的基础。据世界卫生组织研究显示，1/3 的疾病是可以事先预防的，1/3 的疾病则可以通过早期治疗达到一定的效果，1/3 的疾病通过信息的沟通可以强化医疗效果[8]。

我国的医疗资源是高度集中，优势医疗资源高度集中于大城市及医学院校附属医院。未来，医生充当为患者诊疗治病的职能会变得越来越弱，而更多地将专注于医疗大数据分析以及相应的医学研究。医生与患者的概念将在生活中被淡化，医生会虚拟化，患者也不会因为经常要去医院而一次又一次地暴露在公共视线中，不断地被提醒他是一个患者。随着可穿戴医疗设备的出现，未来每个人都将变成健康达人，高效的“私人医生”随时伴随在身边，这一切都将梦想成真。

---

[8] 蔡晨. 社区医疗公共服务产品交互设计研究[D]. 天津: 天津工业大学，2017.